essentials

Essentials liefern aktuelles Wissen in konzentrierter Form. Die Essenz dessen, worauf es als „State-of-the-Art" in der gegenwärtigen Fachdiskussion oder in der Praxis ankommt. *Essentials* informieren schnell, unkompliziert und verständlich

- als Einführung in ein aktuelles Thema aus Ihrem Fachgebiet
- als Einstieg in ein für Sie noch unbekanntes Themenfeld
- als Einblick, um zum Thema mitreden zu können

Die Bücher in elektronischer und gedruckter Form bringen das Fachwissen von Springerautor*innen kompakt zur Darstellung. Sie sind besonders für die Nutzung als eBook auf Tablet-PCs, eBook-Readern und Smartphones geeignet. *Essentials* sind Wissensbausteine aus den Wirtschafts-, Sozial- und Geisteswissenschaften, aus Technik und Naturwissenschaften sowie aus Medizin, Psychologie und Gesundheitsberufen. Von renommierten Autor*innen aller Springer-Verlagsmarken.

Marcel Walkowiak · Ulf Reinicke

Räumlich gekrümmte Balkentragwerke

Band 1: (Euler-Bernoulli-)Theorie

Marcel Walkowiak
Institut für Allgemeinen Maschinenbau (IAM)
TH Köln Fakultät für Informatik und Ingenieurwissenschaften
Gummersbach, Deutschland

Ulf Reinicke
Schwerte, Deutschland

ISSN 2197-6708 ISSN 2197-6716 (electronic)
essentials
ISBN 978-3-658-47646-5 ISBN 978-3-658-47647-2 (eBook)
https://doi.org/10.1007/978-3-658-47647-2

Die Deutsche Nationalbibliothek verzeichnet diese Publikation in der Deutschen Nationalbibliografie; detaillierte bibliografische Daten sind im Internet über https://portal.dnb.de abrufbar.

© Der/die Herausgeber bzw. der/die Autor(en), exklusiv lizenziert an Springer Fachmedien Wiesbaden GmbH, ein Teil von Springer Nature 2025

Das Werk einschließlich aller seiner Teile ist urheberrechtlich geschützt. Jede Verwertung, die nicht ausdrücklich vom Urheberrechtsgesetz zugelassen ist, bedarf der vorherigen Zustimmung des Verlags. Das gilt insbesondere für Vervielfältigungen, Bearbeitungen, Übersetzungen, Mikroverfilmungen und die Einspeicherung und Verarbeitung in elektronischen Systemen.
Die Wiedergabe von allgemein beschreibenden Bezeichnungen, Marken, Unternehmensnamen etc. in diesem Werk bedeutet nicht, dass diese frei durch jede Person benutzt werden dürfen. Die Berechtigung zur Benutzung unterliegt, auch ohne gesonderten Hinweis hierzu, den Regeln des Markenrechts. Die Rechte des/der jeweiligen Zeicheninhaber*in sind zu beachten.
Der Verlag, die Autor*innen und die Herausgeber*innen gehen davon aus, dass die Angaben und Informationen in diesem Werk zum Zeitpunkt der Veröffentlichung vollständig und korrekt sind. Weder der Verlag noch die Autor*innen oder die Herausgeber*innen übernehmen, ausdrücklich oder implizit, Gewähr für den Inhalt des Werkes, etwaige Fehler oder Äußerungen. Der Verlag bleibt im Hinblick auf geografische Zuordnungen und Gebietsbezeichnungen in veröffentlichten Karten und Institutionsadressen neutral.

Planung/Lektorat: Eric Blaschke
Springer Vieweg ist ein Imprint der eingetragenen Gesellschaft Springer Fachmedien Wiesbaden GmbH und ist ein Teil von Springer Nature.
Die Anschrift der Gesellschaft ist: Abraham-Lincoln-Str. 46, 65189 Wiesbaden, Germany

Wenn Sie dieses Produkt entsorgen, geben Sie das Papier bitte zum Recycling.

Was Sie in diesem *essential* finden können

- Eine Einführung in die Differentialgeometrie zur mathematischen Beschreibung räumlicher Kurven und deren geometrischer Eigenschaften.
- Die Herleitung der Gleichgewichtsbedingungen für allgemein räumlich gekrümmte Balken mit veränderlichen räumlichen Streckenbelastungen (Kräfte und Momente).
- Die Beschreibung der kinematischen Beziehungen sämtlicher Querschnittspunkte von allgemein räumlich gekrümmten Balken nach der Euler-Bernoulli-Theorie.
- Die Verknüpfung von Beanspruchungen und Verzerrungen allgemein räumlich gekrümmter Balken unter der Annahme isotropen linear-elastischen Materialverhaltens.
- Die Grundgleichungen (Gleichgewichtsbedingungen, Äquivalenzbedingungen, Kinematik und Stoffgesetz) der Elastostatik für allgemein räumlich gekrümmte Balken.

Gender-Hinweis

Zur besseren Lesbarkeit wird in dem Lehrbuch das generische Maskulinum verwendet. Sämtliche Personenbezeichnungen und Formulierungen sprechen gleichermaßen alle Geschlechter an.

Vorwort

Motiviert durch die seinerzeit durchgeführten Lehrveranstaltungen als wissenschaftliche Mitarbeiter an der TU Dortmund am Lehrstuhl für Baumechanik-Statik von Prof. Dr. Hans Obrecht (Ph.D.) entstand das vorliegende Lehrbuch zum Thema der räumlich gekrümmten Balkentragwerke. Oftmals gänzlich vernachlässigt oder nur für geometrische Sonderfälle erfasst, vervollständigt die Untersuchung allgemein räumlich gekrümmter Balken unter allgemeiner räumlicher Belastung die üblichen Betrachtungen zur Stereostatik und Elastostatik gerader Balken.

Unbestritten ist der Zugang hierzu mit einem beträchtlichen Mehraufwand verbunden und die Grundgleichungen der Elastostatik stellen sich in allgemeiner Form deutlich komplexer dar. Aus didaktischen Gründen findet daher zunächst eine grundlegende Einführung in die Differentialgeometrie zur rein mathematischen Beschreibung von Raumkurven und deren geometrischen Eigenschaften, insbesondere der Krümmung und Windung statt. Anschließend erfolgt die eigentliche mechanische Untersuchung räumlicher Balkentragwerke mit einer anschaulichen Herleitung der Gleichgewichts- und Äquivalenzbedingungen und der kinematischen Beziehungen sowie einer Betrachtung des Stoffgesetzes. Ausgehend hiervon werden jeweils die Sonderfälle für verschwindende Windung (also ausschließlich in der Ebene gekrümmte Balken) und konstanter Krümmung abgeleitet. Für verschwindende Krümmung resultieren schließlich die als bekannt vorausgesetzten Zusammenhänge und Grundgleichungen für den geraden Balken.

Herzlich gedankt sei an dieser Stelle insbesondere Prof. Dr. rer. nat. Jörg Horst (Lehrgebiet Mathematik und technische Systeme an der HS Bielefeld) sowie Dr. Hans-Joachim Sander (ehemaliger Professor für Mathematik an der PH Schwäbisch Gmünd) für die gewissenhafte und kritische Durchsicht der mathematischen Einführung. Ihre wertvollen Anmerkungen haben maßgeblich zum besseren Verständnis der – für viele „Mechaniker" sicherlich nicht selbstverständlichen – Differentialgeometrie beigetragen.

Gummersbach
Februar 2025

Marcel Walkowiak
Ulf Reinicke

Inhaltsverzeichnis

1 Einführung in die Differentialgeometrie von Kurven 1
   1.1 Beschreibung der Kurvengeometrie 1
   1.2 Ebene Kurven 6
        1.2.1 Parameterdarstellungen ebener Kurven 6
        1.2.2 Differentiation einer parametrisierten Kurve 10
        1.2.3 Bogenlänge einer parametrisierten Kurve 13
        1.2.4 Normalen- und Tangentenvektoren 20
        1.2.5 Krümmung einer ebenen Kurve 22
   1.3 Kurven im Raum 31
        1.3.1 Das begleitende Dreibein 32
        1.3.2 Krümmung und Torsion einer Raumkurve
               in natürlicher Parameterdarstellung 34
        1.3.3 Krümmung und Torsion einer beliebig parametrisierten
               Raumkurve 41
        1.3.4 Geometrische Interpretationen 42

2 Gleichgewichtsbedingungen 43
   2.1 Kräftegleichgewicht 45
        2.1.1 Allgemeine Herleitung 45
        2.1.2 Kräftegleichgewicht am in der Ebene gekrümmten
               Balken 46
        2.1.3 Kräftegleichgewicht am geraden Balken 49
   2.2 Momentengleichgewicht 50
        2.2.1 Allgemeine Herleitung 50

	2.2.2	Momentengleichgewicht am in der Ebene gekrümmten Balken	51
	2.2.3	Momentengleichgewicht am geraden Balken	54
2.3		Sonderfälle des in der Ebene gekrümmten Balkens	54
	2.3.1	Entkopplung der Differentialgleichungen	55
	2.3.2	Belastung in der Ebene	57
	2.3.3	Belastung senkrecht zur Ebene	57

3 Kinematik (Euler-Bernoulli-Theorie) 59
  3.1 Deformationen 59
  3.2 Verzerrungen auf Höhe der Systemlinie 60
     3.2.1 Räumlich gekrümmter Balken 61
     3.2.2 Ebener gekrümmter Balken 62
     3.2.3 Gerader Balken 62
  3.3 Verzerrungen auf Höhe beliebiger Querschnittspunkte 63

4 Stoffgesetz 67
  4.1 Hooke'sches Gesetz 67
  4.2 Äquivalenzprinzip 69

Was Sie aus diesem *essential* mitnehmen können 71

Literatur 73

Einführung in die Differentialgeometrie von Kurven

Die geometrische Beschreibung eines gekrümmten Balkens erfolgt im Allgemeinen über die Geometrie seiner Mittellinie (Schwerpunktlinie), die hier als Systemlinie oder auch Balkenachse bezeichnet wird und im allgemeinsten Fall eine Kurve im Raum darstellt.

Die Systemlinie, als Verbindungslinie der Schwerpunkte der Balkenquerschnitte, soll mit Hilfe der Differentialgeometrie und der Vektorrechnung analytisch erfasst werden. Wesen und Aufgabe der Differentialgeometrie ist unter anderem die Untersuchung der geometrischen Eigenschaften von Kurven und Flächen im euklidischen Raum mit Hilfe der Differential- und Integralrechnung.

1.1 Beschreibung der Kurvengeometrie

Zur mathematischen Beschreibung eines gekrümmten Balkens wird neben dem raumfesten, kartesischen Koordinatensystem ein zweites Koordinatensystem auf der Systemlinie konstruiert, das aufgrund der Krümmung des Balkens ortsabhängig ist. Die Einführung befasst sich daher zunächst mit der Darstellung der Eigenschaften von Kurven, um darauf aufbauend den gekrümmten Balken mathematisch erfassen zu können.

Eine Kurve im 3-dimensionalen euklidischen Raum $\mathbb{R}^3$ lässt sich auf verschiedene Arten mathematisch beschreiben. In bekannter Weise als Funktion zweier unabhängiger Variablen x und y in der expliziten Darstellung $z = f(x, y)$, wobei die Koordinaten x, y und z die Punkte der Kurve charakterisieren. Oftmals erlaubt dies

© Der/die Autor(en), exklusiv lizenziert an Springer Fachmedien Wiesbaden GmbH, ein Teil von Springer Nature 2025
M. Walkowiak und U. Reinicke, *Räumlich gekrümmte Balkentragwerke*, essentials, https://doi.org/10.1007/978-3-658-47647-2_1

aufgrund formaler Einschränkungen jedoch nicht die Beschreibung allgemeiner Kurvengeometrien. Zu Beginn seien daher einige mathematische Definitionen und Begriffe im Kontext von Funktionen einer reellen Veränderlichen (deren Graphen sich im $\mathbb{R}^2$ befinden) wiederholt, die schließlich den Bedarf für eine alternative mathematische Darstellung aufzeigen.

Definition 1.1: Reellwertige Funktion einer Veränderlichen

Eine reellwertige Funktion f (auch eindeutige Abbildung genannt) einer reellen Variablen ist eine eindeutige Zuordnungsvorschrift, die jeder Zahl x aus einer Definitionsmenge D ($x \in D \subseteq \mathbb{R}$) genau eine Zahl $y = f(x)$ aus einer Wertemenge W ($y \in W \subseteq \mathbb{R}$) zuordnet.

$$f : D \to W : x \mapsto f(x)$$

$x :$ unabhängige Variable (Veränderliche) bzw. Argument
$y = f(x) :$ abhängige Variable oder Funktionswert bzw. Bild an der Stelle x
$D :$ Definitionsmenge
$W :$ Wertemenge (Obermenge zur Menge aller mögl. Funktionswerte)

Die Begriffe der eindeutigen Abbildung bzw. Funktion werden in der Literatur häufig synonym verwendet und sollen auch hier nicht weiter unterschieden werden.

Definition 1.2: Bild(menge) und Urbild(menge)

Die Bildmenge bzw. das Bild $f(D)$ einer Funktion f ist die Menge sämtlicher Funktionswerte aller Elemente der Defintionsmenge D, die angenommen werden und somit eine (echte) Teilmenge der Wertemenge W.

$$f(D) := \{f(x) \in \mathbb{R} \mid x \in D\} \subseteq \mathbb{R}$$

Die Urbildmenge $f_{-1}(b)$ eines Elementes b der Wertemenge W ist die Menge aller Elemente der Definitionsmenge D, deren Bild genau b ist.

$$f_{-1}(b) := \{x \in D \mid f(x) = b\} \subseteq D$$

1.1 Beschreibung der Kurvengeometrie

> **Definition 1.3: Graph einer Funktion**
> Der Graph G_f einer reellwertigen Funktion f einer reellen Variablen ist definiert als die (Punkt-)Menge geordneter Paare
>
> $$G_f := \{(x, f(x)) \in \mathbb{R}^2 \mid x \in D\}$$

Der Graph ist somit eine anschauliche Darstellung des Verlaufs der Funktionswerte einer Funktion in einem (kartesischen) Koordinatensystem.

Offensichtlich schränkt die Funktionsdefinition die mathematische Beschreibung allgemeiner zwei- und analog dreidimensionaler gekrümmter Systemlinien von Balken stark ein, da jedem Wert aus der Definitionsmenge nur genau ein Wert aus der Wertemenge zugeordnet sein darf. Bereits bei der Beschreibung des Einheitskreises um den Ursprung versagt somit die explizite Funktionsdarstellung.

Abhilfe schafft hier für einfache Kurven zunächst noch die implizite Darstellung, bei der die Funktion nicht nach einer Variablen aufgelöst ist (vgl. Abb. 1.1). Aber auch diese Möglichkeit ist für kompliziertere Geometrien schnell erschöpft und führt nicht zu einer brauchbaren mathematischen Erfassung.

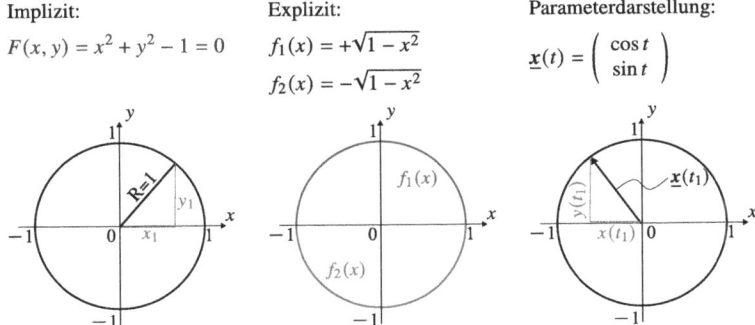

Abb. 1.1 Einheitskreis um den Ursprung in drei Darstellungsvarianten

Beispiel: Einheitskreis um den Ursprung

- Implizite Darstellung (Lösungs-/Punktmenge bildet den Einheitskreis):

$$F(x, y) = x^2 + y^2 - 1 = 0$$

- Explizite Darstellungen (Graphen zweier Funktionen bilden die Halbkreise):

$$y = f_1(x) = +\sqrt{1 - x^2} \text{ (oberer Halbkreis) und}$$

$$y = f_2(x) = -\sqrt{1 - x^2} \text{ (unterer Halbkreis)}$$

◄

Als alternative Darstellungsart von Kurven werden daher in der Differentialgeometrie spezielle Abbildungen benutzt, die ein reelles Parameterintervall $I \subseteq \mathbb{R}$ in den $\mathbb{R}^2$ oder den $\mathbb{R}^3$ abbilden. Diese Abbildungen heißen Parameterdarstellung einer Kurve. Als anschauliches Beispiel soll hier vor der eigentlichen mathematischen Definition erneut der Einheitskreis um den Ursprung dienen.

- Parameterdarstellung des Einheitskreises:

$$\underline{x} : [0, 2\pi] \to \mathbb{R}^2 \text{ mit } \underline{x}(t) = \begin{pmatrix} x_1(t) \\ x_2(t) \end{pmatrix} = \begin{pmatrix} x(t) \\ y(t) \end{pmatrix} = \begin{pmatrix} \cos t \\ \sin t \end{pmatrix}$$

Dabei ist der dargestellte Kreis nicht der Graph von $\underline{x}$, sondern die Bildmenge von $\underline{x}$ – dies ist bei parametrisierten Kurven grundsätzlich so. Ebenso sei angemerkt, dass es sich bei $\underline{x}$ formal nicht um einen Vektor, sondern eben um die gerade eingeführte Abbildung handelt, welche eine Vektorschar definiert. Sie wird Parameterdarstellung oder manchmal auch Vektorfunktion genannt. Diese Bezeichnung ist insofern gut zu begründen, als das durch die Abbildung $\underline{x}$ jedem $t \in [0, 2\pi]$ ein veränderlicher Vektor als Bild zugeordnet wird. Die jeweils aktuellen Koordinaten des Vektors bzw. der Punkte auf der Kurve hängen dabei von der konkreten Wahl von t ab.

Es gibt Parameterdarstellungen von Kurven, deren Bildmenge lokal dem Graphen einer Funktion einer reellen Veränderlichen entspricht (dies wird später noch sehr wichtig sein, wenn es um die formale Ableitung von parametrisierten Kurven geht). In diesem Fall kann die Funktionsdarstellung $f : [a, b] \to \mathbb{R} : t \mapsto f(t)$ in eine Parameterdarstellung der Form

$$\underline{x} : [a, b] \to \mathbb{R}^2 \text{ mit } \underline{x}(t) = \begin{pmatrix} t \\ f(t) \end{pmatrix}$$

1.1 Beschreibung der Kurvengeometrie

überführt werden. In diesem Sinne ist jeder Graph einer stetigen Funktion das Bild einer parametrisierten Kurve in der Ebene. Letztmalig sei hierzu an dieser Stelle das Beispiel des (oberen) Einheitskreises um den Ursprung bemüht.

Beispiel: Oberer Einheitskreis um den Ursprung

- Funktions- und Parameterdarstellung

$$f : [-1, 1] \to \mathbb{R} \text{ mit } f(t) = \sqrt{1-t^2}$$

$$\underline{x} : [-1, 1] \to \mathbb{R}^2 \text{ mit } \underline{x}(t) = \begin{pmatrix} t \\ f(t) \end{pmatrix} = \begin{pmatrix} t \\ \sqrt{1-t^2} \end{pmatrix}$$

$$\underline{c} : [0, \pi] \to \mathbb{R}^2 \text{ mit } \underline{c}(t) = \begin{pmatrix} \cos t \\ \sin t \end{pmatrix}$$

Es gilt: $G_f = \underline{x}([-1, 1]) = \underline{c}([0, \pi])$

◄

Zur weiteren Verdeutlichung der Parameterdarstellungen wird die bekannte Vektordarstellung zur Beschreibung der Lage eines Punktes im $\mathbb{R}^3$ gewählt. Dabei wird der dreidimensionale euklidische Raum durch ein orthogonales kartesisches Koordinatensystem mit den Koordinaten (x, y, z) dargestellt und die Einheitsvektoren $(\underline{e}_x, \underline{e}_y, \underline{e}_z)$ in Richtung der Koordinatenachsen als zugehörige orthonormale Vektorbasis eingeführt. Mit Hilfe eines Ortsvektors $\underline{r} = x\underline{e}_x + y\underline{e}_y + z\underline{e}_z$ kann so die Lage eines Punktes P im Raum beschrieben werden. Der nächste Schritt besteht darin, die Komponenten des Ortsvektors nicht mehr als konstante bzw. unabhängige Größen zu betrachten, sondern als Funktion eines freien Parameters t. Der Ortsvektor $\underline{r}$ wird somit eine Funktion des Parameters t

$$\underline{r}(t) = x(t)\underline{e}_x + y(t)\underline{e}_y + z(t)\underline{e}_z \tag{1.1}$$

und entspricht der oben erwähnten Parameterdarstellung einer Kurve. Sie beschreibt die Lage von Punkten auf einer Raumkurve. Die hier betrachteten Parameterdarstellungen sollen zweimal stetig differenzierbar bzgl. t sein, d. h. von der Klasse C^2. Es gilt die euklidische Norm. Eine analoge Betrachtung von Vektoren in der Ebene ist durch Streichen der z-Komponente möglich.

> **Definition 1.4: Euklidische Norm**
> Für reelle 3-dimensionale Vektoren des euklidischen Vektorraums $\mathbb{R}^3$ mit dem Standardskalarprodukt $\underline{a} \cdot \underline{b} = \sum_{i=1}^{3} a_i b_i$ ist die euklidische Norm (Standardnorm, 2-Norm) definiert als die Wurzel aus der Summe der Quadrate der Vektorkomponenten.
> $$\|\underline{v}\| := \sqrt{\underline{v} \cdot \underline{v}} = \sqrt{v_1^2 + v_2^2 + v_3^2} = \left(\sum_{i=1}^{3} v_i^2\right)^{1/2}$$

- Die hierbei resultierende nicht negative reelle Zahl heißt Norm bzw. Länge des Vektors $\underline{v}$
- Ein Vektor heißt normiert, falls gilt: $\|\underline{v}\| = 1$
- Der Doppelstrich wird verwendet, um die Norm eines Vektors vom Betrag einer Zahl zu unterscheiden (im $\mathbb{R}^1$ gilt: $\|v\| = |v|$)

- Didaktische Anmerkung:
  Im Folgenden wird die Differentialgeometrie für Kurven in der Ebene und für Kurven im Raum getrennt betrachtet. Die Kapitel sind dabei derart aufgebaut, dass sie unabhängig voneinander gelesen und verstanden werden können. Der Leser kann somit je nach Intention direkt auf die benötigten Inhalte zugreifen. Neueinsteigern sei die Betrachtung in der Ebene empfohlen, da hier häufiger auf bekannte Sachverhalte verwiesen und die Anschauung mitunter als einfacher bzw. verständlicher empfunden wird.

1.2 Ebene Kurven

1.2.1 Parameterdarstellungen ebener Kurven

Eine Kurve, die ganz in einer Ebene liegt, bezeichnet man als eine ebene Kurve. Wie bereits im vorherigen Abschnitt kennengelernt, entsprechen Kurven – genauer gesagt die Bilder von Kurven – offensichtlich dem, was man mit der Anschauung verbindet. Dies kann nun mathematisch exakt gefasst und durch einige Anmerkungen ergänzt werden.

1.2 Ebene Kurven

> **Definition 1.5: Parameterdarstellung einer ebenen Kurve in kartesischen Koordinaten**
>
> Die Parameterdarstellung (auch Parametrisierung genannt) einer ebenen Kurve C ist eine stetig differenzierbare Abbildung $\underline{x}$ von einem Parameterintervall $t \in [a, b] \subseteq \mathbb{R}$ nach $\mathbb{R}^2$.
>
> $$\underline{x}: [a, b] \to \mathbb{R}^2 \quad \text{mit} \quad \underline{x}(t) = \begin{pmatrix} x_1(t) \\ x_2(t) \end{pmatrix} = \begin{pmatrix} x(t) \\ y(t) \end{pmatrix}$$
>
> Oder kurz:
>
> $$C : \underline{x} = \begin{pmatrix} x(t) \\ y(t) \end{pmatrix} = \underline{C}(t), \quad a \leq t \leq b$$
>
> Als Bild bzw. Spur einer parametrisierten Kurve wird die Menge
>
> $$B(C) = \left\{ \underline{x} \in \mathbb{R}^2 \mid \exists\, t \in [a, b] : \underline{x} = \underline{C}(t) \right\}$$
>
> bezeichnet.

- Die Wahl/Bezeichnung des Parameters ist beliebig. Oftmals wird in physikalischen Zusammenhängen der Parameter t für die Zeit oder φ als Winkelvariable gewählt.
- $\underline{x}(t)$ kann als veränderlicher parameterabhängiger Ortsvektor interpretiert werden, der zu verschiedenen Zeitpunkten t (identische oder verschiedene) Punkte auf der Kurve beschreibt.
- Eine ebene Kurve in Parameterdarstellung ist demgemäß vektorwertig. Sie besteht aus zwei reellwertigen skalaren Komponentenfunktionen x_1 und x_2, welche i. A. jeweils von t abhängig sind und somit zusammen eine Abbildung von einer Teilmenge von $\mathbb{R}$ nach $\mathbb{R}^2$ beschreiben.
- $\underline{x}(a)$ heißt Anfangspunkt, $\underline{x}(b)$ Endpunkt der Kurve. Eine Kurve heißt geschlossen, wenn Anfangs- und Endpunkt zusammenfallen.
- Nicht immer erhält die Parametrisierungsvorschrift eine eigenes Symbol (C o. ä.). Es genügt, auch $\underline{x} = \underline{x}(t)$ zu schreiben.
- Unterschiedliche Parametrisierungen (s. Beispiel zum oberen Einheitskreis) können das gleiche Bild erzeugen (dabei wird die Kurve zumeist nur „unterschiedlich schnell" durchlaufen). Zu ein und derselben Kurve gehört demgemäß eine ganze Schar von unterschiedlichen Parameterdarstellungen.
- Gilt zudem, dass die Ableitung an keiner Stelle verschwindet, also $\underline{\dot{x}}(t) \neq \underline{0}\ \forall\, t \in [a, b]$, so liegt eine glatte Kurve vor. Anschaulich wird hiermit der Weg beim

Durchlaufen des Parameters nicht angehalten und es liegt auch kein abrupter Richtungswechsel (Knick) vor.

- Dadurch, dass der Parameter t das Intervall im Sinne wachsender t-Werte durchläuft, erhält die Kurve C eine Orientierung. Wird die Kurve in umgekehrter Richtung durchschritten, so resultiert eine von C verschiedene Kurve $-C : \underline{x}(b + a - t), \quad a \leq t \leq b$.

Manche Kurven lassen sich am einfachsten anstatt in kartesischen Koordinaten in Polarkoordinaten darstellen. Ein Polarkoordinatensystem ist ein zweidimensionales Koordinatensysten, in dem jeder Punkt P der Ebene durch seinen Abstand r zu einem festen Punkt (Pol) und seinem (Polar-)Winkel φ zu einer festen Achse (Polachse) festgelegt wird (vgl. Abb. 1.2). Liegt ein kartesisches Koordinatensystem zugrunde, entspricht dessen Ursprung dem Pol und die x-Achse der Polachse. Für die Abstandskoordinate gilt $r \geq 0$. Der Winkel φ wird im mathematisch positiven Drehsinn (Gegenuhrzeigersinn) angegeben. Das Zahlenpaar (r, φ) wird als Polarkoordinaten der Ebene bezeichnet.

Es gelten folgende Transformationsgleichungen für die Umrechnung zwischen den beiden Darstellungsformen:

- Polarkoordinaten → Kartesische Koordinaten

$x = r \cdot \cos \varphi$

$y = r \cdot \sin \varphi$

- Kartesische Koordinaten → Polarkoordinaten

$r = \sqrt{x^2 + y^2}$

$\tan \varphi = \dfrac{y}{x}, \quad x \neq 0$

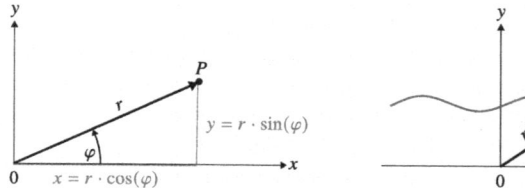

Abb. 1.2 Polarkoordinaten (links) und Kurvendarstellung in Polarkoordinaten (rechts)

1.2 Ebene Kurven

Für $r = 0$ ist der Winkel nicht eindeutig bestimmt, sondern könnte jeden reellen Wert annehmen. Zur Eindeutigkeit wird er in diesem Fall zu Null festgelegt.

> **Definition 1.6: Parameterdarstellung einer ebenen Kurve in Polarkoordinaten**
>
> Eine ebene parametrisierte Kurve in Polarkoordinaten wird durch
>
> $$\underline{r} = \underline{r}(\varphi) = \begin{pmatrix} r(\varphi) \cdot \cos \varphi \\ r(\varphi) \cdot \sin \varphi \end{pmatrix}$$
>
> mit $\varphi \in [\varphi_0, \varphi_1] \subseteq \mathbb{R}$ beschrieben.

Abb. 1.3 zeigt beispielhaft das Bild einer mit Hilfe von Polarkoordinaten parametrisierten Kurve sowie ihre hier ebenfalls mögliche Darstellung als Graph einer

Parameterdarstellung:

$$\underline{r}(\varphi) = \begin{pmatrix} x(\varphi) \\ y(\varphi) \end{pmatrix} = \begin{pmatrix} a \cdot e^{k\varphi} \cdot \cos \varphi \\ a \cdot e^{k\varphi} \cdot \sin \varphi \end{pmatrix}$$

$a, k, \varphi \in \mathbb{R} \setminus \{0\}$

hier:

$$\underline{r}(\varphi) = \begin{pmatrix} 1 \cdot e^{0,2\varphi} \cdot \cos \varphi \\ 1 \cdot e^{0,2\varphi} \cdot \sin \varphi \end{pmatrix}$$

$0 \leq \varphi \leq 6\pi$

Polarkoordinatendarstellung:

$r(\varphi) = a \cdot e^{k\varphi}$; $a, k, \varphi \in \mathbb{R} \setminus \{0\}$

$\varphi(r) = \dfrac{1}{k} \cdot \ln\left(\dfrac{r}{a}\right)$

hier:

$r(\varphi) = 1 \cdot e^{0,2\varphi}$

$0 \leq \varphi \leq 6\pi$; $n = 1, 2, 3$

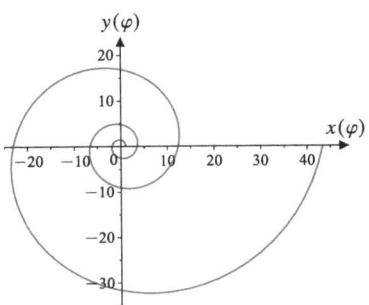
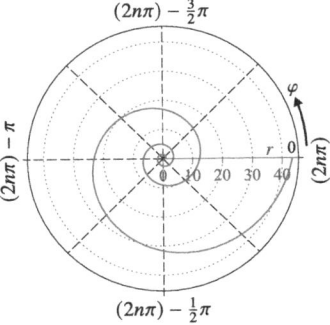

Abb. 1.3 Logarithmische Spirale in verschiedenen Darstellungsformen

Kardioide:

$$\underline{x}(t) = \begin{pmatrix} 3(1+\cos t)\cdot \cos t \\ 3(1+\cos t)\cdot \sin t \end{pmatrix}$$

$0 \le t \le 2\pi$

Blumenkurve:

$$\underline{x}(t) = \begin{pmatrix} 2+\sin(30\pi\cdot t)\cdot \cos(2\pi\cdot t) \\ 2+\sin(30\pi\cdot t)\cdot \sin(2\pi\cdot t) \end{pmatrix}$$

$0 \le t \le 3\pi$

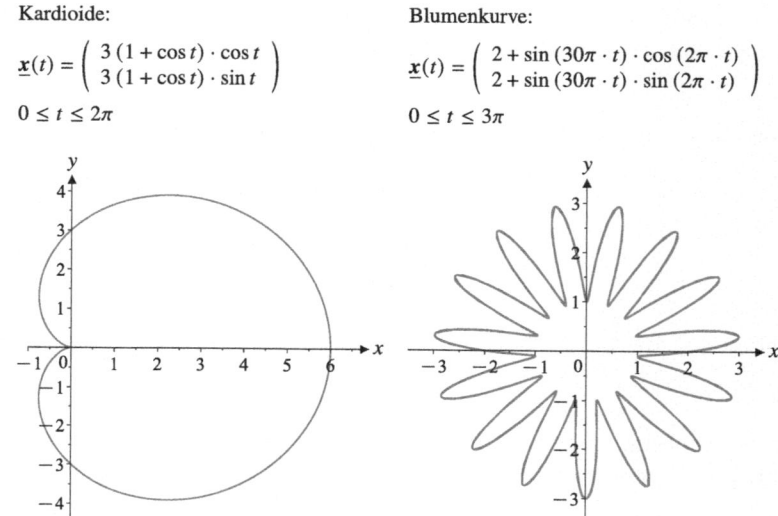

Abb. 1.4 Parameterdarstellung zweier ebenen Kurven in kartesischer Vektorform

Funktion in Polarkoordinaten (jedem Winkel φ im Intervall $0 \le \varphi \le 6\pi$ wird genau ein Radius $r(\varphi)$ zugeordnet). Abb. 1.4 ergänzt zwei weitere Beispiele von Kurven in allgemeiner Parametrisierung.

1.2.2 Differentiation einer parametrisierten Kurve

(i) Ableitung einer parametrisierten Kurve nach ihrem Parameter

Die Ableitung einer parametrisierten Kurve (bzw. eines parametrisierten Ortsvektors) nach ihrem Parameter t erfolgt komponentenweise und führt wiederum zu einem (parametrisierten) Vektor, der für jeden Parameter t tangential zur Kurve gerichtet ist und als Tangentenvektor bezeichnet wird.

$$\frac{d\underline{x}}{dt} := \underline{\dot{x}}(t) := \begin{pmatrix} \dot{x}(t) \\ \dot{y}(t) \end{pmatrix} \tag{1.2}$$

1.2 Ebene Kurven

- Die Ableitung nach dem Parameter t wird wie dargestellt zumeist mit einem Punkt $\underline{\dot{x}}(t)$ und nicht mit einem Strich $\underline{x}'(t)$ gekennzeichnet.
- Die Kennzeichnung mit Strich $\underline{x}'(s)$ taucht später als Ableitung nach dem ausgezeichneten Parameter s (der sog. Bogenlänge s) auf.
- Der Tangentenvektor zu einem Zeitpunkt t_0, also $\underline{\dot{x}}(t_0)$, gibt somit die momentane Änderungsrate der Kurve an und wird (bei Interpretation der Kurve als Teilchenbahn mit der Zeit t als Parameter) auch als Geschwindigkeitsvektor bezeichnet. Sein Betrag $\|\underline{\dot{x}}(t_0)\|$ gibt die Geschwindigkeit zum Zeitpunkt t_0 an. Er zeigt in die Richtung, in der sich der Kurvenpunkt mit wachsendem t bewegen würde.
- Höhere Ableitungen entstehen analog durch mehrfache komponentenweise Differentiation.

$\underline{x}(t)$ ist stetig differenzierbar, falls $\dot{x}(t)$ und $\dot{y}(t)$ stetige Funktionen sind. Sind sie zudem für kein $t \in [a, b]$ gleichzeitig Null, so handelt es sich um eine glatte Parameterdarstellung.

(ii) Ableitung einer parametrisierten Kurve nach x

Durch Bilden der Umkehrabbildung der ersten Komponentenfunktion der parametrisierten ebenen Kurve, kann die zweite Komponente lokal auch als Funktion $x \mapsto y(t(x))$ aufgefasst werden. Es folgt demgemäß die Darstellung

$$\underline{x}(t) : t \in [a, b] \to \mathbb{R}^2 \quad \text{mit} \quad \underline{x} = \begin{pmatrix} x(t) \\ y(t) \end{pmatrix} \tag{1.3}$$

$$\underline{x}(x) : x \in [\tilde{a}, \tilde{b}] \to \mathbb{R}^2 \quad \text{mit} \quad \underline{x} = \begin{pmatrix} t(x) \\ y(t(x)) \end{pmatrix} \tag{1.4}$$

y ist somit in Gl. (1.4) über $t(x)$ lokal eine Funktion von x. Dies ermöglicht im Anschluss die Berechnung der lokalen Tangentensteigungen mit Hilfe der bekannten Regeln der Differentialrechnung.

> **Beispiel: Interpretation einer parametrisierten Kurve als lokale Funktion**
>
> - $x(t) = 5 \cdot \cos t \quad \Leftrightarrow \quad t(x) = \arccos\left(\frac{x}{5}\right)$
>
> $y = 5 \cdot \sin t = 5 \cdot \sin\left[\arccos\left(\frac{x}{5}\right)\right]$
>
>   Bspw. resultiert für $t = \frac{\pi}{3}$:
>
> $x(t = \frac{\pi}{3}) = 5 \cdot \cos\left(\frac{\pi}{3}\right) = \frac{5}{2}$
>
> $y(t = \frac{\pi}{3}) = 5 \cdot \sin\left(\frac{\pi}{3}\right) = \frac{5\sqrt{3}}{2}$
>
> $y\left(x(t = \frac{\pi}{3}) = \frac{5}{2}\right) = 5 \cdot \sin\left[\arccos\left(\frac{5/2}{5}\right)\right] = \frac{5\sqrt{3}}{2}$
>
> ◀

Es handelt sich bei der zweiten Komponente nun um eine verkettete Funktion und es gilt mit der Kettenregel für die Ableitung nach x:

$$\frac{dy}{dx} \stackrel{KR}{=} \frac{dy}{dt}\frac{dt}{dx} = \frac{\frac{dy}{dt}}{\frac{dx}{dt}} \quad \Leftrightarrow \quad \boxed{y' = \frac{\dot{y}}{\dot{x}}} \tag{1.5}$$

Die Steigung der Tangente an eine parametrisierte Kurve kann somit an Stellen mit $\dot{x} \neq 0$ durch lokale Betrachtung als Funktion beschrieben werden (vgl. Abb. 1.5) und es gilt die bekannte Beziehung

$$m = \tan \alpha = \frac{dy}{dx} = y' = \frac{\dot{y}}{\dot{x}} \tag{1.6}$$

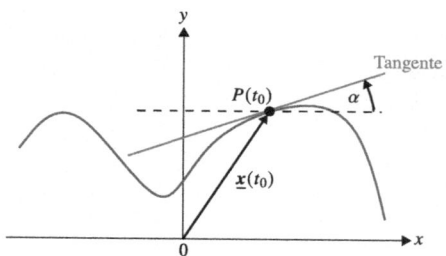

Abb. 1.5 Tangentensteigung bei lokaler Betrachtung der Kurve als Funktion

1.2 Ebene Kurven

Mit dieser Betrachtungsweise resultiert analog für die zweite Ableitung einer parametrisierten Kurve nach x mit Hilfe der Ketten- und Quotientenregel der Zusammenhang

$$\frac{dy'}{dx} \stackrel{KR}{=} \frac{dy'}{dt}\frac{dt}{dx} = \frac{\frac{dy'}{dt}}{\frac{dx}{dt}} = \frac{dy'}{dt}\frac{1}{\dot{x}} = \frac{d\left(\frac{\dot{y}}{\dot{x}}\right)}{dt}\frac{1}{\dot{x}} \quad (1.7)$$

$$\stackrel{QR}{=} \frac{\dot{x}\ddot{y} - \ddot{x}\dot{y}}{\dot{x}^2}\frac{1}{\dot{x}} = \frac{\dot{x}\ddot{y} - \ddot{x}\dot{y}}{\dot{x}^3}$$

Dies kann alternativ mit Hilfe der Determinantenschreibweise wie folgt dargestellt werden

$$y'' = \frac{\dot{x}\ddot{y} - \ddot{x}\dot{y}}{\dot{x}^3} = \frac{1}{\dot{x}^3}\begin{vmatrix} \dot{x} & \ddot{x} \\ \dot{y} & \ddot{y} \end{vmatrix} = \frac{\det(\dot{\mathbf{x}}, \ddot{\mathbf{x}})}{\dot{x}^3} \quad (1.8)$$

- **Anmerkung:**
  Die Strich-Kennzeichnungen y' bzw. y'' für die Ableitungen an dieser Stelle sind dadurch begründet, dass die parametrisierte Kurve hier lokal als (verkettete) Funktion $y(t(x))$ aufgefasst wird und dies die klassische Schreibweise im Kontext von Funktionen ist. Es sei nochmals darauf hingewiesen, dass eine Kennzeichnung mit Strich $\underline{x}'(s)$ später erneut auftaucht, diese dann hingegen jedoch die Ableitung der parametrisierten Kurve nach dem natürlichen Parameter s (der sog. Bogenlänge s) meint.

1.2.3 Bogenlänge einer parametrisierten Kurve

(i) Bogenlänge eines Funktionsgraphen

Stetig differenzierbare Funktionen und Kurven mit glatter Parameterdarstellung besitzen die Eigenschaft, dass ihnen eine Länge zugeordnet werden kann. Diese wird auch Bogenlänge genannt. Für die Länge eines Funktionsgraphen zwischen zwei Punkten des Graphen gilt folgender Zusammenhang:

Satz 1.1: Bogenlänge eines Funktionsgraphen
Ist $f : [a, b] \to \mathbb{R}$ eine stetig differenzierbare Funktion, so ist die Bogenlänge L, der durch ihren Graphen $G_f = \{(x, f(x)) \in \mathbb{R}^2 \mid x \in D\}$ beschriebenen Kurve, zwischen zwei Punkten $(a \mid f(a))$ und $(b \mid f(b))$ gegeben durch

$$L = \int_a^b \sqrt{1 + (f'(x))^2}\, dx = \int_a^b \sqrt{1 + (y')^2}\, dx \qquad (1.9)$$

Eine anschauliche Herleitung der beschriebenen Bogenlänge liefert die formale Betrachtung eines infinitesimalen Stücks des Funktionsgraphen und Annäherung durch das differentielle Linienelement dL (vgl. Abb. 1.6). Zunächst resultiert hierfür mit dem Satz des Pythagoras

$$(dL)^2 = (dx)^2 + (dy)^2 \qquad (1.10)$$

Das Differential einer Funktion, also der lineare Anteil des Zuwachses einer Funktion bei infinitesimalem Fortschreiten auf der x-Achse, lautet

$$f'(x) = \frac{dy}{dx} \quad \Leftrightarrow \quad dy = f'(x)\, dx \qquad (1.11)$$

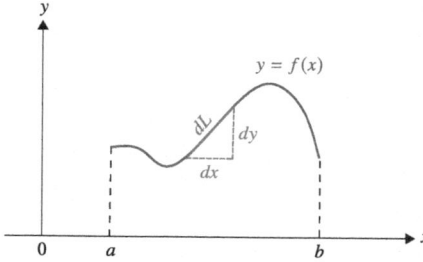

Abb. 1.6 Differentielles Linienelement eines Funktionsgraphen

1.2 Ebene Kurven

Einsetzen von (1.11) in (1.10) und Umformen liefert

$$(dL)^2 = (dx)^2 + \big(f'(x)\,dx\big)^2$$
$$\Leftrightarrow (dL)^2 = (dx)^2 \left(1 + \big(f'(x)\big)^2\right) \qquad (1.12)$$
$$\Leftrightarrow dL = \sqrt{1 + (f'(x))^2}\,dx$$

für das differentielle Linienelement. Die Bogenlänge L resultiert aus der Aufsummierung aller Teilstücke dL_i des Polygonzugs zwischen den Punkten a und b, was im Grenzfall nach Integration beider Seiten der Gleichung der obigen Darstellung entspricht.

(ii) Bogenlänge einer parametrisierten Kurve

Ausgehend von der Bogenlänge eines Funktionsgraphen und der Differentiation einer parametrisierten Kurve nach x (vgl. 1.5) gilt folgende Betrachtung für die Bogenlänge s einer parametrisierten Kurve

$$1 + (y')^2 = 1 + \left(\frac{\dot{y}}{\dot{x}}\right)^2 = 1 + \frac{\dot{y}^2}{\dot{x}^2} = \frac{\dot{x}^2 + \dot{y}^2}{\dot{x}^2} \qquad (1.13)$$

Einsetzen von (1.13) in (1.9) unter Ausnutzung von $\dot{x} = \frac{dx}{dt} \Leftrightarrow dx = \dot{x}\,dt$ führt zur alternativen Darstellung des Integranden der Form

$$\sqrt{1 + (y')^2}\,dx = \sqrt{\frac{\dot{x}^2 + \dot{y}^2}{\dot{x}^2}}\,\dot{x}\,dt = \sqrt{\dot{x}^2 + \dot{y}^2}\,dt = \left\|\underline{\dot{x}}(t)\right\|\,dt \qquad (1.14)$$

und schließlich zur Bogenlänge einer parametrisierten Kurve.

> **Satz 1.2: Bogenlänge einer parametrisierten Kurve**
> Für die Bogenlänge s einer ebenen, beliebig parametrisierten und stetig differenzierbaren Kurve $\underline{x} = \underline{x}(t)$ und $\underline{\dot{x}}(t) \neq 0$ für alle $t \in I$ gilt für das Intervall $[t_0, t_1] \subseteq I$
>
> $$s(t_0, t_1) = \int_{t_0}^{t_1} \|\underline{\dot{x}}(t)\| \, dt = \int_{t_0}^{t_1} \sqrt{\dot{x}^2 + \dot{y}^2} \, dt = \int_{t_0}^{t_1} \sqrt{\sum_{i=1}^{2} \dot{x}_i^2} \, dt \qquad (1.15)$$

Das Differential ds (also das Bogen- bzw. Linienelement) der Bogenlänge s lautet

$$ds = \sqrt{\dot{x}^2 + \dot{y}^2} \, dt = \|\underline{\dot{x}}\| \, dt = \left\|\frac{d\underline{x}}{dt}\right\| dt = \|d\underline{x}\| \qquad (1.16)$$

und damit

$$\frac{ds}{dt} = \left\|\frac{d\underline{x}}{dt}\right\| = \|\underline{\dot{x}}\| \qquad (1.17)$$

Die Ableitung der Bogenlänge s nach dem Parameter t ist gleich dem Betrag des Tangentenvektors $\underline{\dot{x}}$, welcher somit ein Maß für die Änderungsgeschwindigkeit der Bogenlänge darstellt.

(iii) Bogenlänge einer parametrisierten Kurve in Polarkoordinaten

Für jede Kurve $\underline{r} = \underline{r}(\varphi) = $ mit dem freien Parameter $\varphi \in [\varphi_0, \varphi_1] \subseteq \mathbb{R}$ gilt

$$x = r \cdot \cos \varphi \quad \text{und} \quad \dot{x} = \dot{r} \cdot \cos \varphi - r \cdot \sin \varphi$$

$$y = r \cdot \sin \varphi \quad \text{und} \quad \dot{y} = \dot{r} \cdot \sin \varphi + r \cdot \cos \varphi \qquad (1.18)$$

wobei hier $(\dot{\bullet})$ die Ableitung nach dem freien Parameter φ bedeutet, also $\frac{d(\bullet)}{d\varphi}$. So ergibt sich

1.2 Ebene Kurven

$$\begin{aligned}\dot{x}^2 + \dot{y}^2 &= \dot{r}^2 \cdot \cos^2\varphi - 2\dot{r} \cdot \cos\varphi \cdot r \cdot \sin\varphi + r^2 \cdot \sin^2\varphi \\ &\quad + \dot{r}^2 \cdot \sin^2\varphi + 2\dot{r} \cdot \sin\varphi \cdot r \cdot \cos\varphi + r^2 \cdot \cos^2\varphi \\ &= \dot{r}^2 \underbrace{\left(\sin^2\varphi + \cos^2\varphi\right)}_{=1} + r^2 \underbrace{\left(\sin^2\varphi + \cos^2\varphi\right)}_{=1} \\ &= \dot{r}^2 + r^2 \end{aligned} \quad (1.19)$$

Einsetzen von (1.19) in (1.9) führt sodann zur Bogenlänge einer parametrisierten Kurve in Polarkoordinaten.

> **Satz 1.3: Bogenlänge einer parametrisierten Kurve in Polarkoordinaten**
> Für die Bogenlänge s einer parametrisierten und stetig differenzierbaren Kurve in Polarkoordinaten $\underline{r} = \underline{r}(\varphi)$ gilt für das Intervall $[\varphi_0, \varphi_1] \subseteq \mathbb{R}$
>
> $$s(\varphi_0, \varphi_1) = \int_{\varphi_0}^{\varphi_1} \sqrt{\dot{r}^2 + r^2}\, d\varphi \qquad (1.20)$$

(iv) Natürliche Parametrisierung – Parameterdarstellung einer Kurve mit Hilfe ihrer Bogenlänge s

Die Bogenlänge $s(t)$ einer nach t parametrisierten Kurve stellt eine streng monoton wachsende Funktion des Parameters t dar. Ein ausgezeichneter Punkt auf der Kurve kann entweder durch die Angabe des dazugehörigen Wertes $t_0 \in [a, b]$ oder durch die Angabe der vom Anfangspunkt $\underline{x}(a)$ aus gemessenen Bogenlänge beschrieben werden. Demgemäß kann die Kurve auch mit Hilfe ihrer Bogenlänge eindeutig parametrisiert werden (Startpunkt und Durchlaufrichtung müssen angegeben werden). Diese Art der Darstellung heißt natürliche Parametrisierung bzw. natürliche Parameterdarstellung einer Kurve und entspricht formal der Parametertransformation $t = t(s)$.

Um die natürliche Parameterdarstellung nach der Bogenlänge s zu erhalten, wird die Funktion $t(s)$ (also die zu s gehörige Umkehrabbildung) benötigt, um diese anschließend in die ursprüngliche Parametrisierung nach t einzusetzen und den Kurvenparameter t durch den Parameter „Bogenlänge s" zu ersetzen. Hierzu muss die Bogenlänge $s(t)$ äquivalent nach t umgeformt werden, sodass schließlich $t(s)$ resultiert.

Für eine parametrisierte Kurve $\underline{x}(t)$ mit $t \in [a, b]$ und der Bogenlänge $s(t)$ des Kurvenstücks vom Anfangspunkt $\underline{x}(a)$ bis zum Kurvenpunkt $\underline{x}(t)$ (für $t = b$ resultiert die Gesamtlänge L der angegebenen Kurve) stellt sich der Zusammenhang formal anschaulich wie folgt dar

$$[a, b] \to [0, L] \to \mathbb{R}$$

$$t \to s(t) \quad \text{mit} \quad s(t) = \int_a^t \left\| \underline{\dot{x}}(\tau) \right\| d\tau$$

$$[0, L] \to [a, b] \to \mathbb{R}^2$$

$$s \to t(s) \to \underline{x}(t(s))$$

(1.21)

Definition 1.7: Natürliche Parameterdarstellung einer Kurve
Die Parameterdarstellung einer Kurve mit Hilfe ihrer Bogenlänge s als Kurvenparameter, also $\mathbf{C} : \underline{x}(s)$ mit $0 \leq s \leq L$, heißt natürliche Parametrisierung bzw. natürliche Parameterdarstellung der Kurve.

- Identische Kurven besitzen stets auch dieselbe natürliche Parametrisierung.
- Unter Beachtung von $ds = \left\| \underline{\dot{x}} \right\| dt$ gilt

$$\left\| \frac{d\underline{x}(t(s))}{ds} \right\| \stackrel{\text{KR}}{=} \left\| \frac{d\underline{x}}{dt} \cdot \frac{dt}{ds} \right\| = \left\| \underline{\dot{x}}(t) \cdot \frac{1}{\left\| \underline{\dot{x}} \right\|} \right\| = 1 \qquad (1.22)$$

Die Tangentenvektoren sind demgemäß bereits für jedes $s \in [0, L]$ auf die Länge eins normiert.

- Zur Unterscheidung und Hervorhebung der Einzigartigkeit der natürlichen Parametrisierung wird die Ableitung nach der Bogenlänge s nicht mit einem Punkt, sondern mit einem Strich gekennzeichnet:

1.2 Ebene Kurven

$$\frac{d\underline{x}}{ds} = \underline{x}' \quad (1.23)$$

- Wie später noch ersichtlich, besitzt die natürliche Parametrisierung bei der Herleitung vieler Beziehungen der Differentialgeometrie einige Vorteile gegenüber einer allgemeinen und beliebigen Parametrisierung und daher einen besonderen Stellenwert.

Die Länge eines Kurvenstücks zwischen zwei Kurvenpunkten kann in natürlicher Parameterdarstellung gemäß der erläuterten Parametertransformation besonders einfach dargestellt werden.

> **Satz 1.4: Bogenlänge einer Kurve mit natürlicher Parametrisierung**
> Für $s_1, s_2 \in [0, L]$ beträgt die Länge des Kurvenstücks zwischen den Kurvenpunkten $\underline{x}(s_1)$ und $\underline{x}(s_2)$
> $$s(s_1, s_2) = \int_{s_1}^{s_2} \|\underline{x}'(s)\| \, ds = \int_{s_1}^{s_2} 1 \, ds = [s]_{s_1}^{s_2} = s_2 - s_1 \quad (1.24)$$

> **Beispiel: Kreis mit Mittelpunkt im Ursprung**
>
> - Bogenlänge:
>
> $$\underline{x}(t) = \begin{pmatrix} r \cdot \cos t \\ r \cdot \sin t \end{pmatrix} \; ; \; r \in \mathbb{R}^+, \; 0 \leq t \leq 2\pi$$
>
> $$\underline{\dot{x}}(t) = \begin{pmatrix} -r \cdot \sin t \\ r \cdot \cos t \end{pmatrix}$$
>
> $$s(t) = \int_0^t \sqrt{(-r \cdot \sin \tau)^2 + (r \cdot \cos \tau)^2} \, d\tau = \int_0^t \sqrt{r^2 (\sin^2 \tau + \cos^2 \tau)} \, d\tau = \int_0^t r \, d\tau = rt$$

- Natürliche Parameterdarstellung:

$$s(t) = rt \Leftrightarrow t(s) = \frac{s}{r}$$

$$\underline{x}(s) = \begin{pmatrix} r \cdot \cos\left(\frac{s}{r}\right) \\ r \cdot \sin\left(\frac{s}{r}\right) \end{pmatrix} \ ; \ r \in \mathbb{R}^+, \ 0 \leq s \leq 2\pi r$$

- Ableitung bei natürlicher Parameterdarstellung:

$$\underline{x}'(s) = \begin{pmatrix} -\sin\left(\frac{s}{r}\right) \\ \cos\left(\frac{s}{r}\right) \end{pmatrix}$$

$$\|\underline{x}'(s)\| = \sqrt{\left(-\sin\left(\frac{s}{r}\right)\right)^2 + \left(\cos\left(\frac{s}{r}\right)\right)^2} = \sqrt{1} = 1$$

◄

1.2.4 Normalen- und Tangentenvektoren

Im Folgenden werden Terme für die in Abb. 1.7 dargestellten Vektoren entwickelt. Für den Tangentenvektor $\underline{T}$ einer ebenen und beliebig nach t parametrisierten Kurve gilt (vgl. 1.2)

$$\underline{T}(t) = \frac{d\underline{x}}{dt} = \underline{\dot{x}}(t) = \begin{pmatrix} \dot{x} \\ \dot{y} \end{pmatrix} = \begin{pmatrix} T_x \\ T_y \end{pmatrix} \qquad (1.25)$$

Er liegt in der Kurventangente und zeigt in die Richtung, in die sich der Kurvenpunkt $P(t)$ mit wachsendem Parameterwert t bewegen würde. Der Tangenteneinheitsvektor $\underline{t}$ resultiert nach Normierung von $\underline{T}$ zu

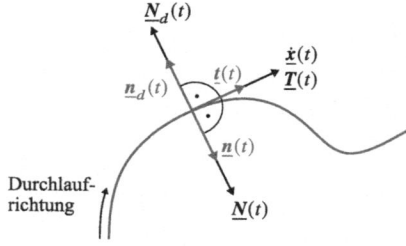

Abb. 1.7 Vektorenrichtungen bei vorgegebener Durchlaufrichtung der parametrisierten Kurve

1.2 Ebene Kurven

$$\underline{t}(t) = \frac{\underline{T}}{\|\underline{T}\|} = \frac{\underline{\dot{x}}(t)}{\|\underline{\dot{x}}(t)\|} = \begin{pmatrix} \dot{x} \\ \dot{y} \end{pmatrix} \frac{1}{\sqrt{\dot{x}^2 + \dot{y}^2}} = \begin{pmatrix} t_x \\ t_y \end{pmatrix} \quad (1.26)$$

Bei einer Kurve mit natürlicher Parametrisierung nach ihrer Bogenlänge s ist der Tangentenvektor bereits stets normiert (vgl. 1.22) und stimmt folglich mit dem Tangenteneinheitsvektor überein

$$\underline{t}(s) = \underline{T}(s) = \frac{d\underline{x}}{ds} = \underline{x}'(s) \quad (1.27)$$

Der Normalenvektor $\underline{N}_d$ bzw. der Normaleneinheitsvektor $\underline{n}_d$ folgt definitionsgemäß aus der Drehung des Tangentenvektors bzw. des Tangenteneinheitsvektors um $\frac{\pi}{2}$ im mathematisch positiven Drehsinn und steht in jedem Punkt senkrecht zur Kurve (vgl. Abb. 1.7). Anschaulich zeigen sie „in Fahrtrichtung" stets nach links.

$$\underline{N}_d(t) = \begin{pmatrix} -T_y \\ T_x \end{pmatrix} \quad (1.28)$$

$$\underline{n}_d(t) = \begin{pmatrix} -t_y \\ t_x \end{pmatrix} \quad (1.29)$$

Der Hauptnormalenvektor $\underline{N}$ einer ebenen und beliebig nach t parametrisierten Kurve entspricht der Ableitung des Tangenteneinheitsvektors nach t.

$$\underline{N}(t) = \underline{\dot{t}}(t) \neq \underline{\ddot{x}}(t) \quad (1.30)$$

Nach Normierung resultiert der Hauptnormaleneinheitsvektor $\underline{n}$. Beide Vektoren zeigen stets in Richtung der Kurvenkrümmung bzw. des Krümmungskreismittelpunktes (dazu später mehr).

- Hinweis:

  Da $\|\underline{\dot{x}}(t)\|$ im allgemeinen Fall auch von t abhängig ist, gilt es zu beachten, dass bei der Ableitung nach dem Parameter t aufgrund der anzuwendenden Ableitungsregeln (Ketten-, Quotienten- und/oder Produktregel) $\underline{\dot{t}}(t)$ weder in Länge noch Orientierung $\underline{\ddot{x}}(t)$ entspricht.

$$\underline{n}(t) = \frac{\underline{N}}{\|\underline{N}\|} = \frac{\underline{\dot{t}}(t)}{\|\underline{\dot{t}}(t)\|} \neq \frac{\underline{\ddot{x}}(t)}{\|\underline{\ddot{x}}(t)\|} \quad (1.31)$$

Der Tangenteneinheitsvektor $\underline{t}$ und seine Ableitung $\frac{d\underline{t}}{dt} = \underline{\dot{t}}$ (und somit auch der Hauptnormaleneinheitsvektor) stehen senkrecht aufeinander, was mit dem Orthogonalitätstest qua Skalarprodukt und den entsprechenden Rechenregeln nachvollziehbar ist. Selbiges gilt analog auch für den Tangentenvektor und den Hauptnormalenvektor. Zur Erinnerung gelten

$$\underline{t} \cdot \underline{t} = \left(t_x^2 + t_y^2\right) = \|\underline{t}\|^2 = \left(\sqrt{t_x^2 + t_y^2}\right)^2$$
$$= \left(\frac{\dot{x}}{\sqrt{\dot{x}^2 + \dot{y}^2}}\right)^2 + \left(\frac{\dot{y}}{\sqrt{\dot{x}^2 + \dot{y}^2}}\right)^2 = 1 \quad (1.32)$$

$$\frac{d}{dt}\left(\underline{t} \cdot \underline{t}\right) \stackrel{\text{PR}}{=} \underline{\dot{t}} \cdot \underline{t} + \underline{t} \cdot \underline{\dot{t}} \stackrel{\text{KG}}{=} 2\left(\underline{t} \cdot \underline{\dot{t}}\right) \quad (1.33)$$

und somit schließlich

$$0 = \frac{d}{dt} 1 = \frac{d}{dt}\|\underline{t}\|^2 = \frac{d}{dt}\left(\underline{t} \cdot \underline{t}\right) = 2\left(\underline{t} \cdot \underline{\dot{t}}\right) \quad (1.34)$$

1.2.5 Krümmung einer ebenen Kurve

Anschaulich ist sofort ersichtlich, dass eine Kurve zumeist kontinuierlich ihre Richtung ändert und eine sog. Krümmung besitzt. Die Krümmung ist allgemein als (skalares) Maß der Steigungsänderung eines Graphen bzw. einer Kurve definiert und charakterisiert somit die Stärke der Richtungsänderung beim Durchlaufen der Kurve. Anders ausgedrückt beschreibt die Krümmung die lokale Abweichung einer Kurven von einer Geraden (Krümmung null) – je stärker die Kurve vom geradlinigen Verlauf abweicht, desto stärker ist sie gekrümmt.

Das Krümmungsmaß ist demgemäß unmittelbar mit der zweiten Ableitung einer Kurve verknüpft, da hierüber die Änderung der ersten Ableitung – also die Änderung des Tangentenvektors – beschrieben wird. Je größer die Richtungsänderung zweier benachbarter Tangentenvektoren bzw. je größer der Winkel zwischen beiden, desto größer die lokale Abweichung von einer Geraden (hier zeigen alle Tangentenvektoren stets in die gleiche Richtung).

Per Definition entspricht der Betrag des Krümmungsmaßes κ für Kurven mit natürlicher Parameterdarstellung dem Betrag ihrer zweiten Ableitung $\|\underline{x}''(s)\|$. Es sei explizit angemerkt, dass die Krümmung einer Kurve unabhängig von der gewählten

1.2 Ebene Kurven

Parametrisierung ist – es handelt sich hierbei um eine Invariante.

Als Ausgangssituation zur Herleitung der Krümmung als Änderung der Tangentensteigung in den anderen Darstellungsarten soll erneut die Auffassung der Kurve als lokale Funktion $x \mapsto y\,(s(x))$ (vgl. 1.4) diesmal mit verketteter Abhängigkeit von ihrer Bogenlänge s dienen. Für die Tangentensteigung (vgl. 1.6) gilt hier (wobei im Folgenden $(\bullet)'$ die Ableitung nach x bedeutet, also $\frac{d(\bullet)}{dx}$)

$$\tan \alpha = \frac{dy}{dx} = y' \Leftrightarrow \alpha = \arctan y' \qquad (1.35)$$

und bei erneuter Ableitung mit der Kettenregel

$$\kappa(x(s)) = \frac{d\alpha}{ds} \stackrel{KR}{=} \frac{d\alpha}{dx} \cdot \frac{dx}{ds} \qquad (1.36)$$

Getrennte Betrachtung liefert für die äußere Ableitung bei wiederholter Verwendung der Kettenregel zunächst

$$\frac{d\alpha}{dx} = \frac{d}{dx}(\arctan y') \stackrel{KR}{=} \frac{1}{1+(y')^2} \cdot y'' = \frac{y''}{1+(y')^2} \qquad (1.37)$$

und für die innere Ableitung unter Beachtung des infinitesimalen Bogenelements ds (Pythagoras)

$$(ds)^2 = (dx)^2 + (dy)^2$$

$$\Leftrightarrow \frac{ds}{dx} = \sqrt{1+\left(\frac{dy}{dx}\right)^2} = \sqrt{1+(y')^2} = \left[1+(y')^2\right]^{\frac{1}{2}} \qquad (1.38)$$

$$\Leftrightarrow \frac{dx}{ds} = \frac{1}{\left[1+(y')^2\right]^{1/2}}$$

sodass schließlich für die (vorzeichenbehaftete) Krümmung

$$\kappa(x) = \frac{y''}{\left[1+(y')^2\right]^{3/2}} \qquad (1.39)$$

bei Interpretation der Kurve als lokale Funktion resultiert.

Durch Ersetzen der Ableitung von y nach x durch die Ableitung nach t (vgl. 1.8) kann das Krümmungsmaß nun in eine Darstellung für beliebig parametrisierte Kurven $\underline{x}(t)$ überführt werden.

$$\kappa(t) = \frac{\frac{\dot{x}\ddot{y} - \ddot{x}\dot{y}}{\dot{x}^3}}{\left(1 + \frac{\dot{y}^2}{\dot{x}^2}\right)^{3/2}} = \frac{\frac{\dot{x}\ddot{y} - \ddot{x}\dot{y}}{\dot{x}^3}}{\left[\frac{1}{\dot{x}^2}\left(\dot{x}^2 + \dot{y}^2\right)\right]^{3/2}} = \frac{\frac{\dot{x}\ddot{y} - \ddot{x}\dot{y}}{\dot{x}^3}}{\frac{\left(\dot{x}^2 + \dot{y}^2\right)^{3/2}}{\left(\dot{x}^2\right)^{3/2}}}$$

$$= \frac{\dot{x}\ddot{y} - \ddot{x}\dot{y}}{\left(\dot{x}^2 + \dot{y}^2\right)^{3/2}}$$

(1.40)

Eine alternative Darstellung folgt mit Hilfe der Determinantenschreibweise zu

$$\boxed{\kappa(t) = \frac{\dot{x}\ddot{y} - \ddot{x}\dot{y}}{\left(\dot{x}^2 + \dot{y}^2\right)^{3/2}} = \frac{\det\left[\left(\underline{\dot{x}}, \underline{\ddot{x}}\right)\right]}{\left(\|\underline{\dot{x}}\|^2\right)^{3/2}} = \frac{\det\left(\underline{\dot{x}}, \underline{\ddot{x}}\right)}{\|\underline{\dot{x}}\|^3}}$$

(1.41)

Hieraus lassen sich bezogen auf die Darstellungsart von Kurven drei Spezialfälle ableiten.

(i) Krümmung einer Kurve als Graph einer Funktion

Ist die Kurve als Graph einer Funktion $y = f(x)$ bzw. Bild von $\underline{x}(x) = \begin{pmatrix} x \\ f(x) \end{pmatrix}$ beschreibbar, so gilt für die (vorzeichenbehaftete) Krümmung in Abhängigkeit von x

$$\boxed{\kappa(x) = \frac{f''(x)}{\left[1 + (f'(x))^2\right]^{3/2}}}$$

(1.42)

(ii) Krümmung einer Kurve in Polarkoordinaten

Ist die Kurve mit Hilfe von Polarkoordinaten $\underline{r} = \underline{r}(\varphi) = \begin{pmatrix} r(\varphi) \cdot \cos\varphi \\ r(\varphi) \cdot \sin\varphi \end{pmatrix}$ parametrisiert, so gilt für die Krümmung (vorzeichenbehaftet) in Abhängigkeit von φ

$$\boxed{\kappa(\varphi) = \frac{r^2 + 2\dot{r}^2 - r\ddot{r}}{\left[r^2 + \dot{r}^2\right]^{3/2}}}$$

(1.43)

1.2 Ebene Kurven

Dies ist mit etwas Rechenaufwand nach Einsetzen der Polarkoordinaten in (1.41) nachvollziehbar, wobei der sich dort ergebende Nenner innerhalb der eckigen Klammern aus (1.19) abgelesen werden kann. Für den Zähler resultiert nach Anwendung der Produktregel

$$
\overbrace{[\dot{r} \cdot \cos\varphi - r \cdot \sin\varphi]}^{\dot{x}} \overbrace{[\ddot{r} \cdot \sin\varphi + \dot{r} \cdot \cos\varphi + (\dot{r} \cdot \cos\varphi - r \cdot \sin\varphi)]}^{\ddot{y}}
$$

$$
- \overbrace{[\ddot{r} \cdot \cos\varphi - \dot{r} \cdot \sin\varphi - (\dot{r} \cdot \sin\varphi + r \cdot \cos\varphi)]}^{\ddot{x}} \overbrace{[\dot{r} \cdot \sin\varphi + r \cdot \cos\varphi]}^{\dot{y}}
$$

$$
= (\dot{r} \cdot \cos\varphi - r \cdot \sin\varphi)(\ddot{r} \cdot \sin\varphi + 2\dot{r} \cdot \cos\varphi - r \cdot \sin\varphi)
$$

$$
- (\dot{r} \cdot \sin\varphi + r \cdot \cos\varphi)(\ddot{r} \cdot \cos\varphi - 2\dot{r} \cdot \sin\varphi - r \cdot \cos\varphi)
$$

$$
= \dot{r}\ddot{r} \cdot \sin\varphi \cdot \cos\varphi + 2\dot{r}^2 \cdot \cos^2\varphi - r\dot{r} \cdot \sin\varphi \cdot \cos\varphi - r\ddot{r} \cdot \sin^2\varphi
$$

$$
- 2r\dot{r} \cdot \sin\varphi \cdot \cos\varphi + r^2 \cdot \sin^2\varphi - [\dot{r}\ddot{r} \cdot \sin\varphi \cdot \cos\varphi - 2\dot{r}^2 \cdot \sin^2\varphi
$$

$$
- r\dot{r} \cdot \sin\varphi \cdot \cos\varphi + r\ddot{r} \cdot \cos^2\varphi - 2r\dot{r} \cdot \sin\varphi \cdot \cos\varphi - r^2 \cdot \cos^2\varphi]
$$

$$
= \sin\varphi \cdot \cos\varphi(\dot{r}\ddot{r} - r\dot{r} - 2r\dot{r}) + \sin^2\varphi(-r\ddot{r} + r^2) + \cos^2\varphi(2\dot{r}^2)
$$

$$
- [\sin\varphi \cdot \cos\varphi(\dot{r}\ddot{r} - r\dot{r} - 2r\dot{r}) + \sin^2\varphi(-2\dot{r}^2) + \cos^2\varphi(r\ddot{r} - r^2)]
$$

$$
= \sin^2\varphi\left(r^2 + 2\dot{r}^2 - r\ddot{r}\right) + \cos^2\varphi\left(r^2 + 2\dot{r}^2 - r\ddot{r}\right)
$$

$$
= r^2\left(\sin^2\varphi + \cos^2\varphi\right) + 2\dot{r}^2\left(\sin^2\varphi + \cos^2\varphi\right) - r\ddot{r}\left(\sin^2\varphi + \cos^2\varphi\right)
$$

$$
= r^2 + 2\dot{r}^2 - r\ddot{r}
$$

(1.44)

(iii) Krümmung einer Kurve in natürlicher Parameterdarstellung

Für eine Kurve mit natürlicher Parametrisierung $\underline{x}(s) = \begin{pmatrix} x(s) \\ y(s) \end{pmatrix}$ gilt $\|\underline{x}'\| = \left\| \dfrac{d\underline{x}}{ds} \right\| = 1$ (vgl. 1.22) und somit für die vorzeichenbehaftete Krümmung in Abhängigkeit von s

$$\boxed{\kappa(s) = x'y'' - x''y' = \det(\underline{x}', \underline{x}'')} \qquad (1.45)$$

Der Betrag der Krümmung entspricht – gemäß der ursprünglichen Definition – dem Betrag der zweiten Ableitung der Kurve

$$\boxed{|\kappa(s)| = \|\underline{x}''\|} \qquad (1.46)$$

und somit dem Betrag der Ableitung des Tangenten(einheits)vektors $\left\| \dfrac{d^2\underline{x}}{ds^2} \right\| = \left\| \dfrac{d\underline{t}}{ds} \right\|$, was anschaulich gleichbedeutend mit der Länge des „Beschleunigungsvektors" ist. Dieser steht senkrecht auf dem Tangenten- bzw. „Geschwindigkeitsvektor" (vgl. Abschn. 1.2.4) und „zerrt/beschleunigt" quasi orthogonal dazu. Je stärker diese orthogonale Beschleunigung ausgeprägt ist, desto stärker wird die Kurve an der betrachteten Stelle gekrümmt. Mitunter wird die zweite Ableitung der Kurve daher nicht nur als Beschleunigungsvektor, sondern auch als Krümmungsvektor bezeichnet.

Auch der definierte Normaleneinheitsvektor $\underline{n}_d$ (1.29) steht senkrecht auf dem Tangenten-/Geschwindigkeitsvektor und ist somit parallel bzw. anti-parallel zum Krümmungs-/Beschleunigungsvektor gerichtet. Beide sind somit skalare Vielfache voneinander und es gilt

$$\underline{x}'' = \kappa(s) \cdot \underline{n}_d \qquad (1.47)$$

Dabei entscheidet das Vorzeichen von $\kappa(s)$ darüber, ob die Kurve positiv (also in Richtung von $\underline{n}_d$ bzw. linksgekrümmt) oder negativ (entgegen der Richtung von $\underline{n}_d$ bzw. rechtsgekrümmt) gekrümmt ist (vgl. Abb. 1.8). Wie bereits an anderer Stelle erwähnt, ist die Krümmung einer ebenen Kurve unabhängig von ihrer Parametrisierung. Wird die Kurve allerdings in umgekehrter Richtung durchlaufen, so ändert sich das Vorzeichen der Krümmung. Es sei angemerkt, dass im Falle einer nicht ebenen Raumkurve auf die Definition einer vorzeichenbehafteten Krümmung verzichtet wird, da hier $\underline{n}_d$ nicht eindeutig bestimmbar ist (vgl. Abschn. 1.3.2).

1.2 Ebene Kurven

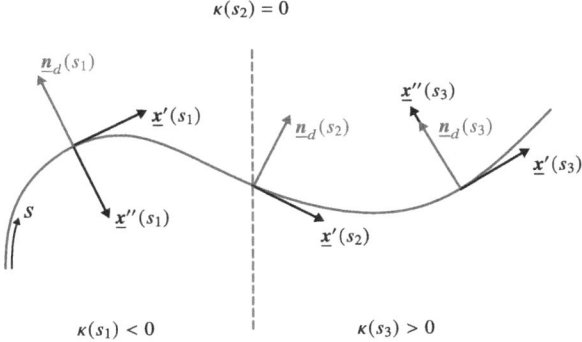

Abb. 1.8 Krümmung einer ebenen Kurve in natürlicher Parameterdarstellung

Der Hauptnormaleneinheitsvektor $\underline{n}$ (1.31) entspricht dem normierten Krümmungsvektor. Beide zeigen in die Richtung, in der sich die Kurve krümmt und es gilt

$$\underline{x}'' = |\kappa(s)| \cdot \underline{n} \tag{1.48}$$

(iv) Krümmungskreis, Krümmungsradius, Evolute und Evolvente

Für einen Kreis mit beliebigem Mittelpunkt M in allgemeiner Parametrisierung

$$\underline{x}(t) = \begin{pmatrix} M_1 + R \cdot \cos t \\ M_2 + R \cdot \sin t \end{pmatrix} \quad ; \; t \in [0, 2\pi] \tag{1.49}$$

gilt für die Krümmung nach (1.41)

$$\kappa(t) = \frac{\begin{vmatrix} -R \cdot \sin t & -R \cdot \cos t \\ R \cdot \cos t & -R \cdot \sin t \end{vmatrix}}{\left(R^2 \cdot \sin^2 t + R^2 \cdot \cos^2 t\right)^{3/2}} = \frac{1}{R} \tag{1.50}$$

Ein Kreis weist somit – sowohl unabhängig von seiner Lage als auch unabhängig von seinem aktuellen Parameter t – eine konstante Krümmung auf. Ohne weiteren Beweis soll nachvollzogen werden, dass eine ebene parametrisierte Kurve demgemäß in einem beliebigen Kurvenpunkt (nach Anpassung der Lage und des Radius) lokal durch einen Kreis beschrieben werden kann. Der gesuchte Kreis berührt die

Kurve in diesem Punkt und schmiegt sich derart an, dass Geschwindigkeit und Beschleunigung/Krümmung beider Kurven übereinstimmen (vgl. Abb. 1.9). Dieser Kreis heißt Krümmungskreis oder Schmiegekreis mit Krümmungsradius

$$R := \rho := \frac{1}{|\kappa(t)|} \tag{1.51}$$

Zu jedem $t \in [a, b]$ kann der Krümmungsmittelpunkt in $\underline{x}(t)$ bestimmt werden. Die Krümmungsmittelpunkte einer Kurve $\underline{x}(t)$ liegen dabei selbst wiederum auf einer Kurve $\underline{\xi}(t)$ – der sog. Evolute zur Evolvente $\underline{x}(t)$. Sie ergibt sich erneut ohne weiteren Beweis aus der allgemeinen Betrachtung der Normalenschnittpunkte zweier benachbarter Punkte $\underline{x}(t)$ und $\underline{x}(t+\varepsilon)$ auf der Kurve und resultiert für $\varepsilon \to 0$ schließlich zu

$$\underline{\xi}(t) = \begin{pmatrix} x(t) \\ y(t) \end{pmatrix} + \frac{\dot{x}^2 + \dot{y}^2}{\det(\underline{\dot{x}}, \underline{\ddot{x}})} \begin{pmatrix} -\dot{y} \\ \dot{x} \end{pmatrix} \tag{1.52}$$

Das Vorzeichen der Krümmung gibt die Lage der Krümmungsmittelpunkte an. Für positive Krümmungen liegen sie in Durchlaufrichtung links, für negative Krümmungen rechts. Ist die Krümmung null, so liegt ein Wendepunkt vor.

Abschließend sei sinngemäß der Hauptsatz der ebenen Kurventheorie erwähnt. Dieser besagt, dass ebene Kurven bei Vorgabe von Startpunkt und Durchlaufrichtung durch die Angabe der vorzeichenbehafteten Krümmung eindeutig definiert sind.

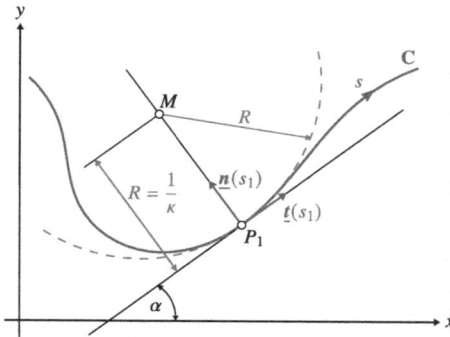

Abb. 1.9 Krümmungskreis und –radius einer ebenen Kurve im Kurvenpunkt P_1 zu $\underline{x}(s_1)$

1.2 Ebene Kurven

Beispiel: Krümmung und Evolute einer Ellipse mit Mittelpunkt im Ursprung

- Krümmung:

$$\underline{x}(t) = \begin{pmatrix} a \cdot \cos t \\ b \cdot \sin t \end{pmatrix} \; ; \; a, b \in \mathbb{R} \; ; \; a > b$$

$$\underline{\dot{x}}(t) = \begin{pmatrix} -a \cdot \sin t \\ b \cdot \cos t \end{pmatrix}$$

$$\underline{\ddot{x}}(t) = \begin{pmatrix} -a \cdot \cos t \\ -b \cdot \sin t \end{pmatrix}$$

Gemäß (1.41) resultiert für die Krümmung in Abhängigkeit von t

$$\kappa(t) = \frac{-a \cdot \sin t(-b \cdot \sin t) - (-a \cdot \cos t)b \cdot \cos t}{\left((-a \cdot \sin t)^2 + (b \cdot \cos t)^2\right)^{3/2}} = \frac{ab}{\left(a^2 \sin^2 t + b^2 \cos^2 t\right)^{3/2}}$$

Ohne weiteren Beweis gilt für die extremalen Krümmungen

$$\kappa(0) = \kappa(\pi) = \frac{a}{b^2} \quad \text{ist Maximalkrümmung}$$

$$\kappa(\tfrac{1}{2}\pi) = \kappa(\tfrac{3}{2}\pi) = \frac{b}{a^2} \quad \text{ist Minimalkrümmung}$$

- Evolute – Ortskurve der Krümmungskreismittelpunkte:

$$\underline{\xi}(t) = \begin{pmatrix} a \cdot \cos t \\ b \cdot \sin t \end{pmatrix} + \begin{pmatrix} -b \cdot \cos t \\ -a \cdot \sin t \end{pmatrix} \frac{(-a \cdot \sin t)^2 + (b \cdot \cos t)^2}{ab}$$

$$= \ldots = \begin{pmatrix} \dfrac{a^2 - b^2}{a} \cdot \cos^3 t \\ \dfrac{b^2 - a^2}{b} \cdot \sin^3 t \end{pmatrix}$$

Die Evolute einer Ellipse ähnelt einer Sternkurve bzw. Astroide (vgl. Abb. 1.10).

◂

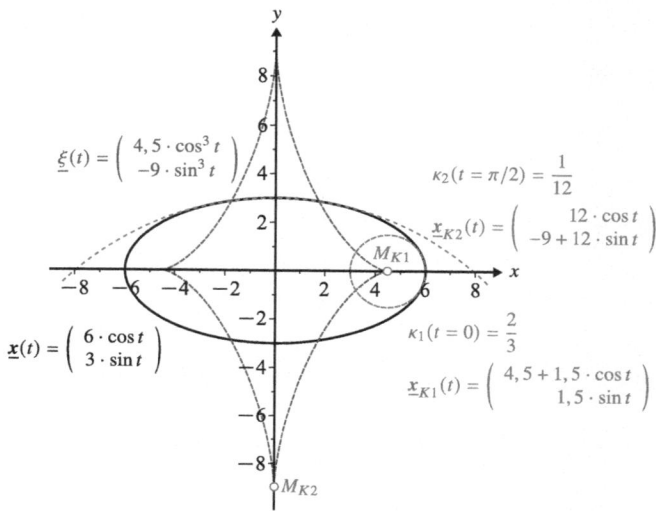

Abb. 1.10 Evolute und extremale Krümmungskreise einer Ellipse mit $a = 6$ und $b = 3$

(v) Krümmungsnäherung bei der Beschreibung von Balkentragwerken

In der Statik der Balkentragwerke wird die Krümmung zumeist aus der expliziten Funktionsdarstellung einer ebenen Kurve entwickelt. Dabei wird die Funktion der ebenen Kurve i. d. R. in der x-y-Ebene aufgestellt, sodass $f(x) = y$ gilt. In der mathematischen Beschreibung der Kinematik der Balkentragwerke wird für die Krümmung nicht (1.42), sondern mit der Einschränkung auf kleine Krümmungen (d. h. relativ flacher ebener Kurven), eine Näherung verwendet. Eine gebräuchliche Methode, Näherungsformeln zu entwickeln, stellt die Approximation von Funktionen durch Reihen dar. Unter Anwendung der Näherungsformel für Potenzreihen der Gestalt

$$(1 \pm \epsilon)^n \approx 1 \pm n\epsilon \quad \text{mit} \quad |\epsilon| \ll 1 \tag{1.53}$$

kann der Nenner in (1.42) durch den Vergleich mit (1.53) ($\epsilon = \dot{y}^2$, $n = \frac{2}{3}$) approximiert werden und die Krümmung somit aus

$$\kappa(x) \approx \ddot{y} \frac{1}{(1 + \frac{3}{2}\dot{y}^2)} \tag{1.54}$$

berechnet werden. Unter der Voraussetzung, dass $|\dot{y}| \ll 1$ ist, kann der quadratische Anteil gegenüber 1 vernachlässigt werden und es folgt die in der Praxis wichtige Näherungsformel zur Berechnung der Krümmung

$$\boxed{\kappa(x) = \ddot{y} \quad \text{für} \quad |\dot{y}| \ll 1} \tag{1.55}$$

1.3 Kurven im Raum

Ein Großteil der Ergebnisse und Definitionen, wie bspw. die (komponentenweisen) Ableitungsregeln und die Berechnung von Geschwindigkeits- und Beschleunigungsvektoren, sind aus dem ebenen Fall in Analogie auf den räumlichen Fall übertragbar – die parameterabhängigen Vektoren besitzen nunmehr hingegen drei Komponenten. Aus diesem Grund seien einige Zusammenhänge im Folgenden kompakter und/oder mit Verweis auf den ebenen Fall dargestellt.

Definition 1.8: Parameterdarstellung einer räumlichen Kurve in kartesischen Koordinaten

Die Parametrisierung einer Raumkurve C nach einem beliebigen Parameter t ist eine stetig differenzierbare Abbildung von einem Parameterintervall $t \in [a, b] \subseteq \mathbb{R}$ nach $\mathbb{R}^3$.

$$\underline{x} : [a, b] \to \mathbb{R}^3 \quad \text{mit} \quad \underline{x}(t) = \begin{pmatrix} x_1(t) \\ x_2(t) \\ x_3(t) \end{pmatrix} = \begin{pmatrix} x(t) \\ y(t) \\ z(t) \end{pmatrix}$$

Als Bild bzw. Spur einer parametrisierten Kurve wird die Menge

$$B(C) = \left\{ \underline{x} \in \mathbb{R}^3 \mid \exists t \in [a, b] : \underline{x} = \underline{C}(t) \right\}$$

bezeichnet.

Kurvendarstellungen sind abhängig von der Wahl des räumlichen Koordinatensystems. Durch invariante Größen lassen sich Kurven unabhängig von der Lage des Koordinatensystems darstellen. Die Bogenlänge s, die Krümmung κ und die Windung τ stellen solche invariante Größen in der räumlichen Differentialgeometrie dar.

Auch bei Raumkurven existiert eine natürliche Parametrisierung, also eine nach der Bogenlänge s parametrisierte Darstellung (vgl. Abschn. 1.2.3).

Satz 1.5: Bogenlänge einer parametrisierten Raumkurve

Für die Bogenlänge s einer räumlichen, beliebig parametrisierten und stetig differenzierbaren Kurve $\underline{x} = \underline{x}(t)$ mit $\underline{\dot{x}}(t) \neq 0$ für alle $t \in I$ (also einer glatten Kurve) gilt für das Intervall $[t_0, t_1] \subseteq I$

$$s(t_0, t_1) = \int_{t_0}^{t_1} \|\underline{\dot{x}}(t)\| \, dt = \int_{t_0}^{t_1} \sqrt{\dot{x}^2 + \dot{y}^2 + \dot{z}^2} \, dt = \int_{t_0}^{t_1} \sqrt{\sum_{i=1}^{3} \dot{x}_i^2} \, dt \tag{1.56}$$

Um die natürliche Parameterdarstellung nach der Bogenlänge s zu erhalten, wird wiederum die Funktion $t(s)$ benötigt, um diese anschließend in die ursprüngliche Parametrisierung nach t einzusetzen und die Parametertransformation durchzuführen.

1.3.1 Das begleitende Dreibein

Die grundlegenden Eigenschaften für die Tangenten- und Normalenvektoren an lokalen Kurvenpunkten gelten sinngemäß auch bei Raumkurven. Für den Tangenteneinheitsvektor resultiert bei beliebiger Parametrisierung nach t

$$\underline{t}(t) = \frac{\underline{\dot{x}}(t)}{\|\underline{\dot{x}}(t)\|} = \begin{pmatrix} \dot{x} \\ \dot{y} \\ \dot{z} \end{pmatrix} \frac{1}{\sqrt{\dot{x}^2 + \dot{y}^2 + \dot{z}^2}} = \begin{pmatrix} t_x \\ t_y \\ t_z \end{pmatrix} \tag{1.57}$$

und bei natürlicher Parametrisierung nach der Bogenlänge s stimmen Tangenten- und Tangenteneinheitsvektor überein

$$\underline{t}(s) = \underline{T}(s) = \frac{d\underline{x}}{ds} = \underline{x}'(s) \tag{1.58}$$

1.3 Kurven im Raum

Für den Hauptnormaleneinheitsvektor gilt bei beliebiger Parametrisierung nach t

$$\underline{n}(t) = \frac{\underline{\dot{t}}(t)}{\|\underline{\dot{t}}(t)\|} \quad \left(\neq \frac{\underline{\ddot{x}}(t)}{\|\underline{\ddot{x}}(t)\|}\right) \tag{1.59}$$

und bei natürlicher Parametrisierung nach der Bogenlänge s

$$\underline{n}(s) = \frac{\underline{x}''(s)}{\|\underline{x}''(s)\|} = \frac{\underline{t}'(s)}{\|\underline{t}'(s)\|} \tag{1.60}$$

Hierin ist $\underline{t}'(s)$ im Allgemeinen nicht direkt normiert. Die Vektoren $\underline{\dot{t}}$ bzw. $\underline{t}'$ stehen wiederum orthogonal auf dem Tangentenvektor $\underline{t}$ (vgl. 1.34). Während die Orientierung des Tangentenvektors von der Laufrichtung des jeweiligen Kurvenparameters s oder t abhängt, ist der Hauptnormalenvektor hiervon unabhängig und zeigt stets zum Krümmungskreismittelpunkt (also in die Richtung, in der sich die Kurve krümmt).

Ein weiterer Vektor, der sowohl auf dem Tangenteneinheitsvektor und dem Hauptnormaleneinheitsvektor senkrecht steht, resultiert aus dem Vektorprodukt derselben und heißt Binormaleneinheitsvektor

$$\underline{b}(t) = \underline{t}(t) \times \underline{n}(t) \tag{1.61}$$

Dieser ist bereits stets normiert, da er aus zwei orthonormierten Vektoren entsteht. Die ortsabhängige Orthonormalbasis $(\underline{t}, \underline{n}, \underline{b})$ heißt begleitendes Dreibein der Raumkurve und bildet in dieser Reihenfolge ein Rechtssystem (bei dem „mitreisenden" kartesischen Koordinatensystem zeigt die erste Achse stets in Fahrtrichtung und die zweite Achse stets in Richtung des Beschleunigungsvektors). Da das Vektorprodukt nicht kommutativ ist, muss bei der Konstruktion des Binormalenvektors zur Erzeugung eines rechtsdrehenden Dreibeins obige Reihenfolge in (1.61) beachtet werden. Das begleitende Dreibein ist nur für Stellen definiert, an denen auch die Krümmung vorhanden ist (die Beschleunigung also nicht verschwindet). Die von den drei Vektorenpaaren aufgespannten Ebenen werden wie folgt bezeichnet (vgl. Abb. 1.11)

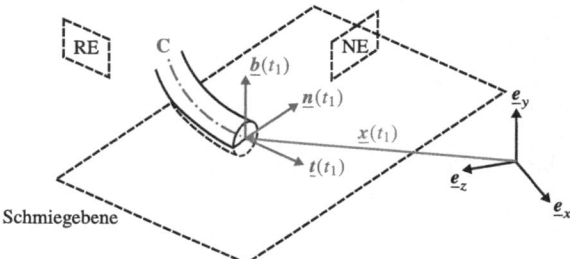

Abb. 1.11 Begleitendes Dreibein und dazugehörige Ebenen einer Raumkurve C im Kurvenpunkt zu $\underline{x}(t_1)$

$\underline{b}$ und $\underline{n}$: Normalebene (NE)
$\underline{b}$ und $\underline{t}$: Streckebene bzw. rektifizierende Ebene (RE)
$\underline{n}$ und $\underline{t}$: Schmiegebene (SE)

- Anmerkung zur Anschauung:
  Bei ebenen Kurven liegen sowohl $\underline{t}$ als auch $\underline{n}$ stets in derselben Schmiegebene. $\underline{b}$ ist orthogonal zu dieser (unveränderlichen) Ebene gerichtet und daher konstant – die Ableitung $\underline{\dot{b}}$ muss daher im ebenen Fall verschwinden. Es liegt nun nahe, im Raum die Änderungsrate $\underline{\dot{b}}$ als Maß dafür zu verwenden, wie stark sich die Raumkurve aus der momentanen Schmiegebene herausdreht. Später wird hierfür der Begriff der Torsion bzw. Windung definiert.

1.3.2 Krümmung und Torsion einer Raumkurve in natürlicher Parameterdarstellung

Für eine ebene Kurve mit natürlicher Parametrisierung ergibt sich mit der vorzeichenbehafteten Krümmung der Zusammenhang $\underline{x}'' = \kappa(s) \cdot \underline{n}_d$. Im Raum existieren unendlich viele Vektoren, die orthogonal zum Tangentenvektor gerichtet sind (und alle in der soeben definierten Normalebene liegen), sodass eine solche vorzeichenbehaftete Krümmungsbetrachtung nicht sinnvoll ist. Daher wird für Raumkurven mit natürlicher Parametrisierung der Betrag des Hauptnormalenvektors (auch Krümmungsvektor genannt) als skalares Maß für die (demgemäß stets positive) Krümmung definiert. Es gilt

$$\boxed{|\kappa(s)| = \kappa(s) = \|\underline{x}''\| = \|\underline{t}'\|}\qquad(1.62)$$

1.3 Kurven im Raum

und somit

$$\underline{n} = \frac{\underline{t}'}{\|\underline{t}'\|} = \frac{\underline{t}'}{\kappa(s)} \qquad (1.63)$$

(i) Änderungsrate des Tangenteneinheitsvektors

Mit Hilfe von 1.63 lässt sich zugleich die Änderungsrate des Tangenteneinheitsvektors erfassen

$$\boxed{\underline{t}' = \kappa(s) \cdot \underline{n} = \frac{1}{\rho(s)} \cdot \underline{n}} \qquad (1.64)$$

und der Hauptnormaleneinheitsvektor ausdrücken

$$\underline{n} = \frac{1}{\kappa(s)} \underline{t}' = \rho(s) \cdot \underline{t}' \qquad (1.65)$$

Der reziproke Wert der Krümmung definiert den Krümmungsradius $\rho(s)$. Die Richtung des Krümmungsvektors ist stets durch die Richtung des Hauptnormaleneinheitsvektors gegeben, sodass der Krümmungsmittelpunkt des Krümmungskreises über den Ortsvektor eines betrachteten Kurvenpunktes und dem dazugehörigen Hauptnormaleneinheitsvektor mit

$$\underline{x}_K = \underline{x} + \rho \cdot \underline{n} \qquad (1.66)$$

bestimmt werden kann.

Die Änderungsraten der beiden anderen Vektoren des begleitenden Dreibeins ergeben sich prinzipiell aus den Orthogonalitätsbedingungen sowie bekannten Ableitungsregeln.

(ii) Änderungsrate des Binormaleneinheitsvektors und Definition der Torsion

Zur Erinnerung sei angemerkt, dass die Ableitung eines normierten Vektors generell senkrecht auf dem normierten Vektor selbst steht (vgl. bspw. 1.34) – hier gilt somit $\underline{b}' \perp \underline{b}$. Zudem steht die Ableitung des Binormaleneinheitsvektors orthogonal auf dem Tangenteneinheitsvektor, wie folgender Zusammenhang zeigt:

$$\underline{b} \cdot \underline{t} = 0 \overset{\frac{d}{ds}}{\Leftrightarrow} \underline{b}' \cdot \underline{t} + \underline{b} \cdot \underline{t}' = 0$$

$$\Leftrightarrow \underline{b}' \cdot \underline{t} = -\underline{b} \cdot (\kappa(s) \cdot \underline{n}) = 0 \qquad (1.67)$$

$$\Rightarrow \underline{b}' \perp \underline{t}$$

Folglich muss $\underline{b}'$ in Richtung des Hauptnormaleneinheitsvektors $\underline{n}$ zeigen und durch einen Skalierfaktor τ eindeutig bestimmt sein, welcher als Torsion bzw. Windung bezeichnet wird. Ihr Betrag entspricht der Länge von $\underline{b}'$ und stellt ein Maß für das momentane „Herauswinden" der Raumkurve aus der Schmiegebene dar. Verschwindet die Torsion an jeder Stelle, so liegt die Kurve komplett in einer Ebene. Es gilt definitionsgemäß

$$\boxed{\underline{b}' = -\tau \cdot \underline{n}} \qquad (1.68)$$

Nach Skalarmultiplikation beider Seiten mit $\underline{n}$ und Berücksichtigung von $\underline{n} \cdot \underline{n} = 1$ folgt in analoger Vorgehensweise zu (1.67) für die Torsion

$$\boxed{\tau = -\underline{b}' \cdot \underline{n} = \underline{n}' \cdot \underline{b}} \qquad (1.69)$$

(iii) Änderungsrate des Hauptnormaleneinheitsvektors

Vorab sei an die Berechnung der Vektorkomponenten für die Koordinatendarstellung eines Vektors $\underline{v}$ bezüglich der Orthonormalbasis eines Vektorraums **V** erinnert. Mit der Orthonormalbasis

$$B = \{\underline{b}_1, \dots, \underline{b}_n\} \qquad (1.70)$$

von **V** und der Linearkombination

$$\underline{v} = v_1 \underline{b}_1 + \dots + v_n \underline{b}_n = \sum_{i=1}^{n} v_i \underline{b}_i \qquad (1.71)$$

mit $\underline{v} \in \mathbf{V}$ und $i = 1, \dots, n$ resultiert für die Koeffizienten

$$v_i = \underline{b}_i \cdot \underline{v} \quad ; \quad i = 1, \dots, n \qquad (1.72)$$

1.3 Kurven im Raum

da mit dem gemischten Assoziativgesetz für das Skalarprodukt gilt:

$$\underline{b}_i \cdot \underline{v} = \underline{b}_i \sum_{j=1}^{n} v_j \underline{b}_j = \sum_{j=1}^{n} \underline{b}_i \left(v_j \underline{b}_j\right) = \sum_{j=1}^{n} v_j \left(\underline{b}_i \cdot \underline{b}_j\right)$$
$$= \sum_{\substack{j=1 \\ j \neq i}}^{n} v_j \underbrace{\left(\underline{b}_i \cdot \underline{b}_j\right)}_{0} + v_i \underbrace{\left(\underline{b}_i \cdot \underline{b}_i\right)}_{1} = v_i \qquad (1.73)$$

Demgemäß kann jeder Vektor in der Form

$$\underline{v} = \sum_{i=1}^{n} \left(\underline{b}_i \cdot \underline{v}\right) \cdot \underline{b}_i \qquad (1.74)$$

dargestellt werden.

Hier entspricht das begleitende Dreibein der Orthonormalbasis $B = \{\underline{t}, \underline{n}, \underline{b}\}$, sodass sich die Änderungsrate des Hauptnormaleneinheitsvektors grundsätzlich wie folgt in dieser darstellen lässt

$$\underline{n}' = v_1 \underline{t} + v_2 \underline{n} + v_3 \underline{b} \qquad (1.75)$$

Die Koeffizienten resultieren aus drei Einzelbetrachtungen. Es gilt $v_1 = \underline{n}' \cdot \underline{t}$ und somit

$$\underline{n} \cdot \underline{t} = 0 \overset{\frac{d}{ds}}{\Leftrightarrow} \underline{n}' \cdot \underline{t} + \underline{n} \cdot \underline{t}' = 0$$
$$\overset{1.64}{\Leftrightarrow} \underline{n}' \cdot \underline{t} = -\underline{n} \cdot \kappa(s) \cdot \underline{n} = -\kappa(s) \cdot \underline{n} \cdot \underline{n} = -\kappa(s) \qquad (1.76)$$
$$\Rightarrow v_1 = -\kappa(s)$$

v_2 verschwindet, da der Hauptnormaleneinheitsvektor und seine Ableitung orthogonal zueinander stehen $\left(v_2 = \underline{n}' \cdot \underline{n} = 0\right)$.

Zuletzt gilt $v_3 = \underline{n}' \cdot \underline{b}$ und somit

$$\underline{n} \cdot \underline{b} = 0 \stackrel{\frac{d}{ds}}{\Leftrightarrow} \underline{n}' \cdot \underline{b} + \underline{n} \cdot \underline{b}' = 0$$

$$\stackrel{1.68}{\Leftrightarrow} \underline{n}' \cdot \underline{b} = \underline{n} \cdot \tau(s) \cdot \underline{n} = \tau(s) \cdot \underline{n} \cdot \underline{n} = \tau(s) \qquad (1.77)$$

$$\Rightarrow v_3 = +\tau(s)$$

Folglich resultiert für die Änderungsrate des Hauptnormaleneinheitsvektors

$$\boxed{\underline{n}' = -\kappa(s)\,\underline{t} + \tau(s)\,\underline{b}} \qquad (1.78)$$

(iv) Frenet-Serret'sche Formeln

Die „zeitliche/dynamische" Entwicklung des begleitenden Dreibeins kann so schließlich in Abhängigkeit von der Krümmung und der Torsion der Kurve beschrieben werden. Dabei handelt es sich um ein gewöhnliches lineares Differentialgleichungssystem, welches nach seinen Entdeckern benannt ist.

Satz 1.6: Frenet-Serret'sche Formeln

Für dreimal stetig differenzierbare und natürlich parametrisierte Raumkurven im $\mathbb{R}^3$ mit der Orthonormalbasis bzw. dem begleitenden Dreibein $\{\underline{t}, \underline{n}, \underline{b}\}$ gilt für die Änderungsraten, also den Ableitungen nach der Bogenlänge s, das Differentialgleichungssystem

$$\begin{pmatrix} \underline{t}' \\ \underline{n}' \\ \underline{b}' \end{pmatrix} = \begin{pmatrix} 0 & \kappa(s) & 0 \\ -\kappa(s) & 0 & \tau(s) \\ 0 & -\tau(s) & 0 \end{pmatrix} \cdot \begin{pmatrix} \underline{t} \\ \underline{n} \\ \underline{b} \end{pmatrix} \qquad (1.79)$$

Ohne weiteren Beweis sei noch der Hauptsatz der Raumkurventheorie erwähnt. Dieser besagt vereinfacht dargestellt, dass die geometrische Gestalt einer Raumkurve (abgesehen von Verschiebungen und Drehungen) allein durch ihre Krümmung und Torsion determiniert ist.

1.3 Kurven im Raum

Beispiel: Begleitendes Dreibein, Bogenlänge, natürliche Parameterdarstellung, Krümmung und Torsion der rechtsgängigen Helix (Abb. 1.12)

- Begleitendes Dreibein:

$$\underline{x}(t) = \begin{pmatrix} r \cdot \cos t \\ r \cdot \sin t \\ h \cdot t \end{pmatrix} \;\; ; \; r, h \in \mathbb{R}^+ \; ; \; t \in \mathbb{R}$$

$$\underline{\dot{x}}(t) = \begin{pmatrix} -r \cdot \sin t \\ r \cdot \cos t \\ h \end{pmatrix} \;\; ; \;\; \underline{\ddot{x}}(t) = \begin{pmatrix} -r \cdot \cos t \\ -r \cdot \sin t \\ 0 \end{pmatrix}$$

Mit (1.57), (1.59) und (1.61) resultieren der Tangenten-, der Hauptnormalen- und der Binormaleneinheitsvektor in Abhängigkeit von t

$$\underline{t}(t) = \frac{1}{\sqrt{r^2 \left(\sin^2 t + \cos^2 t \right) + h^2}} \begin{pmatrix} -r \cdot \sin t \\ r \cdot \cos t \\ h \end{pmatrix} = \frac{1}{g} \begin{pmatrix} -r \cdot \sin t \\ r \cdot \cos t \\ h \end{pmatrix} \quad \text{mit}$$

$$g = \sqrt{r^2 + h^2}$$

$$\underline{n}(t) = \frac{1}{\sqrt{r^2 \left(\cos^2 t + \sin^2 t \right)}} \begin{pmatrix} -r \cdot \cos t \\ -r \cdot \sin t \\ 0 \end{pmatrix} = \begin{pmatrix} -\cos t \\ -\sin t \\ 0 \end{pmatrix}$$

$$\underline{b}(t) = \frac{1}{g} \begin{pmatrix} 0 - h(-\sin t) \\ h(-\cos t) - 0 \\ (-r \cdot \sin t)(-\sin t) - (r \cdot \cos t)(-\cos t) \end{pmatrix} = \frac{1}{g} \begin{pmatrix} h \cdot \sin t \\ -h \cdot \cos t \\ r \end{pmatrix}$$

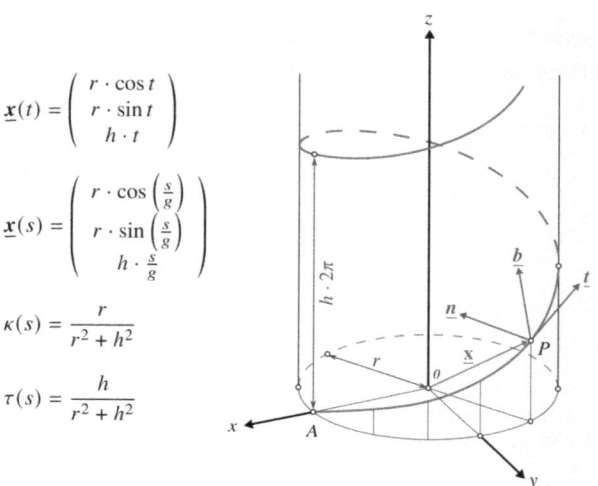

$$\underline{x}(t) = \begin{pmatrix} r \cdot \cos t \\ r \cdot \sin t \\ h \cdot t \end{pmatrix}$$

$$\underline{x}(s) = \begin{pmatrix} r \cdot \cos\left(\frac{s}{g}\right) \\ r \cdot \sin\left(\frac{s}{g}\right) \\ h \cdot \frac{s}{g} \end{pmatrix}$$

$$\kappa(s) = \frac{r}{r^2 + h^2}$$

$$\tau(s) = \frac{h}{r^2 + h^2}$$

Abb. 1.12 Allgemeine rechtsgängige Helix um einen gedachten Zylinder

- Bogenlänge $s(t)$ und natürliche Parameterdarstellung $\underline{x}(s)$:

$$s(t) \stackrel{(1.56)}{=} \int_0^t \sqrt{(-r \cdot \sin \tilde{t})^2 + (r \cdot \cos \tilde{t})^2 + h^2}\, d\tilde{t} = \int_0^t \sqrt{r^2 + h^2}\, d\tilde{t} = t \cdot \sqrt{r^2 + h^2}$$

$$s(t) = gt \Leftrightarrow t(s) = \frac{s}{g} \quad ; \; s \in \mathbb{R}$$

$$\underline{x}(s) = \begin{pmatrix} r \cdot \cos\left(\frac{s}{g}\right) \\ r \cdot \sin\left(\frac{s}{g}\right) \\ h \cdot \frac{s}{g} \end{pmatrix}$$

$$\underline{x}'(s) \stackrel{(1.58)}{=} \underline{t}(s) = \begin{pmatrix} -\frac{r}{g} \cdot \sin\left(\frac{s}{g}\right) \\ \frac{r}{g} \cdot \cos\left(\frac{s}{g}\right) \\ \frac{h}{g} \end{pmatrix} \quad ; \quad \underline{x}''(s) = -\frac{r}{g^2} \begin{pmatrix} \cos\left(\frac{s}{g}\right) \\ \sin\left(\frac{s}{g}\right) \\ 0 \end{pmatrix}$$

1.3 Kurven im Raum

- Krümmung $\kappa(s)$:

$$\kappa(s) \stackrel{(1.62)}{=} \|\underline{x}''\| = \sqrt{\frac{r^2}{g^4}\left(\cos^2\left(\frac{s}{g}\right) + \sin^2\left(\frac{s}{g}\right)\right)} = \frac{r}{g^2} = \frac{r}{r^2+h^2} = \text{konst.}$$

- Torsion $\tau(s)$:

Zur Berechnung der Torsion werden gemäß (1.69) zunächst der Hauptnormaleneinheitsvektor $\underline{n}(s)$ und seine Ableitung sowie der Binormaleneinheitsvektor $\underline{b}(s)$ jeweils in Abhängigkeit von s benötigt.

$$\underline{n}(s) \stackrel{(1.60)}{=} \frac{1}{\frac{r}{g^2}}\left(-\frac{r}{g^2}\right)\begin{pmatrix}\cos\left(\frac{s}{g}\right)\\ \sin\left(\frac{s}{g}\right)\\ 0\end{pmatrix} = \begin{pmatrix}-\cos\left(\frac{s}{g}\right)\\ -\sin\left(\frac{s}{g}\right)\\ 0\end{pmatrix}$$

$$\underline{n}'(s) = \frac{1}{g}\begin{pmatrix}\sin\left(\frac{s}{g}\right)\\ -\cos\left(\frac{s}{g}\right)\\ 0\end{pmatrix}$$

$$\underline{b}(s) = \underline{t}(s) \times \underline{n}(s) = \begin{pmatrix} 0 - \frac{h}{g}\left(-\sin\left(\frac{s}{g}\right)\right)\\ \frac{h}{g}\left(-\cos\left(\frac{s}{g}\right)\right) - 0\\ \frac{r}{g}\cdot\sin^2\left(\frac{s}{g}\right) + \frac{r}{g}\cdot\cos^2\left(\frac{s}{g}\right)\end{pmatrix} = \begin{pmatrix}\frac{h}{g}\cdot\sin\left(\frac{s}{g}\right)\\ -\frac{h}{g}\cdot\cos\left(\frac{s}{g}\right)\\ \frac{r}{g}\end{pmatrix}$$

$$\tau(s) \stackrel{(1.69)}{=} \frac{h}{g^2}\cdot\sin^2\left(\frac{s}{g}\right) + \frac{h}{g^2}\cdot\cos^2\left(\frac{s}{g}\right) + 0 = \frac{h}{g^2} = \frac{h}{r^2+h^2} = \text{konst.}$$

◄

1.3.3 Krümmung und Torsion einer beliebig parametrisierten Raumkurve

Abschließend seien noch ohne weitere Herleitung die Formeln für die Krümmung sowie die Torsion für beliebig parametrisierte Raumkurven angegeben. Sie resultieren aus einer (recht aufwendigen) Rückparametrisierung (von s nach t) und stellen oftmals eine praktische Berechnungsalternative dar, da eine natürliche Parametrisierung nach der Bogenlänge s mitunter sehr mühsam sein kann oder analytisch gar nicht möglich ist.

Bei beliebiger Parametrisierung einer Raumkurve $\underline{x}(t)$ resultiert

$$\kappa(t) = \frac{\|\underline{\dot{x}} \times \underline{\ddot{x}}\|}{\|\underline{\dot{x}}\|^3} \tag{1.80}$$

für die Krümmung und

$$\tau(t) = \frac{(\underline{\dot{x}} \times \underline{\ddot{x}}) \cdot \underline{\dddot{x}}}{\|\underline{\dot{x}} \times \underline{\ddot{x}}\|^2} = \frac{\det(\underline{\dot{x}}, \underline{\ddot{x}}, \underline{\dddot{x}})}{\|\underline{\dot{x}} \times \underline{\ddot{x}}\|^2} \tag{1.81}$$

für die Torsion.

1.3.4 Geometrische Interpretationen

Die Invarianten κ und τ geben über ihr Vorzeichen die räumliche Orientierung der Kurven wider. Für das Vorzeichen der Windung τ einer Kurve sind folgende lokale geometrische Deutungen möglich:

$\tau > 0$ Die Kurve durchstößt die Schmiegebene in Richtung von $\underline{b}$.
Das Vorzeichen von τ ist positiv, wenn sich bei der Bewegung des begleitenden Dreibeins mit wachsendem Parameter die Binormale $\underline{b}$ wie bei einer Rechtsschraubung bewegt.
$\tau < 0$ Die Kurve durchstößt die Schmiegebene in Richtung von $(-\underline{b})$
$\tau = 0$ Die Kurve liegt in der Schmiegebene $\underline{t} \times \underline{n}$

Für die Krümmung bei Raumkurven wird stets die Forderung $\kappa > 0$ eingeschlossen. $\kappa > 0$ stellt eine rechtsgewundene Kurve dar, wenn mit wachsendem Parameter die Kurve in Richtung von $\underline{b}$ die Schmiegebene verläßt ($\tau > 0$) (analog Linkswindung bei $\tau < 0$).

Gleichgewichtsbedingungen 2

Abb. 2.1 zeigt den Ausschnitt eines allgemein räumlich gekrümmten Balkens, der durch seine Systemlinie symbolisiert ist. Im Folgenden wird vorausgesetzt, dass auch die Achse der Schubmittelpunkte mit der Schwerpunktachse des Querschnitts übereinstimmt. Der Balken ist durch veränderliche vektorielle räumliche Streckenlasten $\underline{m}(s)$ (Momente) und $\underline{f}(s)$ (Kräfte) belastet, welche unmittelbar auf diese Systemlinie wirken. Zusätzlich wird gefordert, dass die Verschiebungen aller Querschnittspunkte sowie die Dehnungen und Scherungen (vgl. Kap. 3) im Balken klein sind und daher ihre Produkte zu vernachlässigen sind. Unter diesen Voraussetzungen können alle auftretenden Belastungen und Schnittgrößen am unverformten Balken angesetzt werden und es gilt das Superpositionsprinzip für sämtliche Verformungsgrößen (geometrische Linearität). Infolge der äußeren Beanspruchungen treten an

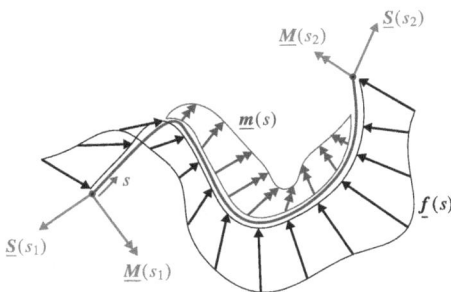

Abb. 2.1 Räumlich gekrümmtes Balkenelement mit veränderlichen räumlichen Streckenlasten

den beiden Schnittstellen (bei s_1 und s_2) jeweils Schnittgrößen in Form von Kraft- und Momentenvektoren auf, die über Gleichgewichtsbedingungen zu bestimmen sind.

Zur Ermittlung der erforderlichen Gleichgewichtsbedingungen wird aus dem gekrümmten Balken durch zwei Schnitte an den Punkten P und Q mit den Koordinaten s und $s + ds$ ein infinitesimal kleines Teilstück der Länge ds freigeschnitten (vgl. Abb. 2.2). Die Schnittebenen an diesen Punkten sind jeweils die Ebenen, auf denen der Tangentenvektor orthogonal steht. Als positiv wird diejenige Schnittfläche bezeichnet, bei welcher der Tangentenvektor aus dem Balkenelement herauszeigt.

Es wird angenommen, dass sich die äußeren Lasten über die unendlich kleine Länge des infinitesimalen Balkenelements nicht verändern, also über die gesamte Länge ds konstante eingeprägte Streckenlasten $\underline{m}(s)$ und $\underline{f}(s)$ vorliegen. Diese können sodann vereinfacht („Länge x Höhe" zu Resultierenden $\underline{R}_m$ und $\underline{R}_f$ zusammengefasst werden, welche in der Mitte des Teilstücks (bei $ds/2$) angreifen. Ferner wird gefordert, dass sich – aufgrund der infinitesimalen Länge von ds – auch die Richtung des Tangentenvektors innerhalb des Bereichs nicht verändert. So kann der Ortsvektor $\underline{r}$ von Punkt P zu Punkt Q durch den Tangentenvektor $\underline{t}$ an der Stelle s skaliert mit der Länge ds dargestellt werden, also $\underline{r} = ds\,\underline{t}$. Darüber hinaus ist $\underline{S}$ der in der Schnittfläche bei s auftretende Schnittkraftvektor und $\underline{M}$ der dort wirkende Schnittmomentenvektor. $d\underline{S}$ und $d\underline{M}$ stellen die jeweiligen vektoriellen Veränderungen über die Strecke ds dar.

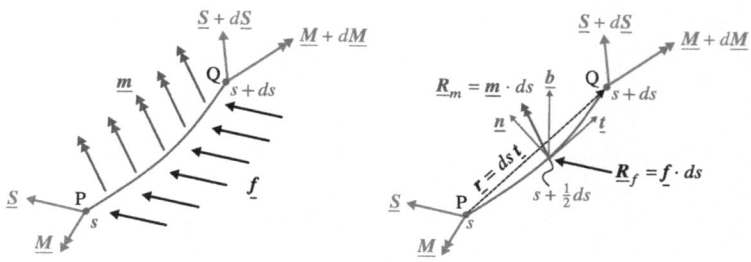

Abb. 2.2 Schnittgrößen und Belastungen am Balkenelement mit infinitesimal kleiner Länge ds

2.1 Kräftegleichgewicht

2.1.1 Allgemeine Herleitung

Mit den genannten Annahmen und unter der Voraussetzung, dass sämtliche Kraftkomponenten in Richtung der positiven Achsenrichtungen angreifen, liefert das Kräftegleichgewicht am infinitesimalen Balkenelement die Vektorgleichung

$$-\underline{S} + \underline{f} ds + \left(\underline{S} + d\underline{S}\right) = \underline{0} \tag{2.1}$$

Formale Behandlung der Differentiale als gewöhnliche Variable führt über Äquivalenzumformung (Division durch ds) schließlich zu der allgemeinen Gleichgewichtsbedingung

$$\boxed{\frac{d\underline{S}}{ds} + \underline{f} = \underline{S}' + \underline{f} = \underline{0}} \tag{2.2}$$

Hierin wird wie bereits zuvor und auch in den folgenden Herleitungen der Ausdruck $\frac{d(\bullet)}{ds} = (\bullet)'$ als Differentialoperator aufgefasst. Gl. (2.2) gibt Auskunft über die Änderung der Schnittkraft aufgrund der äußeren Belastung. Da die Kräfte richtungsbehaftet sind (vektoriell), können sie in verschiedene Richtungen aufgeteilt und jeweils in die einzelnen Richtungen betrachten werden. Von Vorteil erweist sich dabei eine Aufteilung der Kräfte in Richtung der Achsen des Dreibeins (im betrachteten Punkt der Kurve). Aufgrund der linearen Unabhängigkeit der Basisvektoren des Dreibeins lässt sich der Vektor $\underline{f}(s)$ der äußeren Belastung demgemäß als Linearkombination dieser darstellen

$$\underline{f}(s) = q_t(s)\,\underline{t}(s) + q_n(s)\,\underline{n}(s) + q_b(s)\,\underline{b}(s) \tag{2.3}$$

Die unter anderem dadurch bedingt existierenden inneren Kräfte bzw. Schnittkraftvektoren $\underline{S}(s)$ können wiederum in dieselben drei Richtungen vektoriell zerlegt werden und nehmen somit die Form

$$\underline{S}(s) = N(s)\,\underline{t}(s) + Q_n(s)\,\underline{n}(s) + Q_b(s)\,\underline{b}(s) \tag{2.4}$$

an. Die allgemeine Darstellung (2.2) ist unabhängig vom Bezugssystem. In der Darstellung des vorher eingeführten Systems folgt mit (2.3) und (2.4)

$$\underbrace{N'\underline{t} + N\underline{t}' + Q_n'\,\underline{n} + Q_n\,\underline{n}' + Q_b'\,\underline{b} + Q_b\,\underline{b}'}_{\underline{S}'} + \underbrace{q_t\,\underline{t} + q_n\,\underline{n} + q_b\,\underline{b}}_{\underline{f}} = \underline{0} \tag{2.5}$$

Mit Hilfe der Frenet-Serret'schen Formeln (1.79), welche die Informationen zu den Ableitungen der Einheitsvektoren des Dreibeins beinhalten, kann die vorangegangene Gleichung äquivalent in

$$\begin{aligned}(N' - \kappa\, Q_n + q_t)\, \underline{t} + (Q'_n - \tau\, Q_b + \kappa\, N + q_n)\, \underline{n} \\ + (Q'_b + \tau\, Q_n + q_b)\, \underline{b} = \underline{0}\end{aligned} \quad (2.6)$$

umgeformt werden. Da die Richtungen der Vektoren des Dreibeins allesamt orthogonal aufeinander stehen, müssen die Gleichgewichtsbedingung für jede Richtung des Dreibeins erfüllt sein. Folgerichtig müssen die Klammerausdrücke verschwinden und es resultiert schließlich das Gleichungssystem

$$\boxed{\begin{aligned}\underline{t} &: N' \phantom{{}+Q'_n} - \kappa\, Q_n = -q_t \\ \underline{n} &: Q'_n - \tau\, Q_b + \kappa\, N = -q_n \\ \underline{b} &: Q'_b + \tau\, Q_n \phantom{{}+\kappa N} = -q_b\end{aligned}} \quad (2.7)$$

2.1.2 Kräftegleichgewicht am in der Ebene gekrümmten Balken

Im Folgenden werden zwei verschiedene Vorgehensweisen zur Berechnung der Schnittkräfte an einem ausschließlich in der Ebene gekrümmten Balken aufgezeigt.

(i) Vereinfachung der allgemeinen Gleichung

Bei der Betrachtung einer Raumkurve, die nur in der Ebene gekrümmt ist, ist der Binormalenvektor konstant und steht stets senkrecht zu eben jener Ebene. Wenn das globale Koordinatensystem $\underline{e}_x$, $\underline{e}_y$ und $\underline{e}_z$ derart gewählt wird, dass die Kurve in der Ebene $\underline{e}_x - \underline{e}_y$ liegt, so ist der Vektor $\underline{b}$ parallel bzw. antiparallel zu $\underline{e}_z$ gerichtet und kann durch diesen ausgedrückt werden. Des Weiteren verschwindet in diesem Fall die Windung ($\tau = 0$) und das allgemeine Gleichungssystem (2.7) vereinfacht sich zu

$$\boxed{\begin{aligned}\underline{t} &: N' - \kappa\, Q_n = -q_t \\ \underline{n} &: Q'_n + \kappa\, N = -q_n \\ \underline{e}_z &: Q'_b \phantom{{}+\kappa N} = -q_b\end{aligned}} \quad (2.8)$$

2.1 Kräftegleichgewicht

(ii) Gleichgewichtsbedingungen am differentiellen Balkenelement

Im Spezialfall des in der Ebene gekrümmten Balkens ist die Beziehung (2.8) alternativ unter Berücksichtigung des Kräftegleichgewichts am differentiell kleinen Balkenelement herleitbar. Hierzu wird ein Element der Länge ds mit den Schnittgrößen N, Q_n und Q_b sowie den über die infinitesimale Länge näherungsweise konstanten äußeren Lasten q_t, q_n und q_b (vgl. Abb. 2.3) betrachtet. Es handelt sich den Annahmen zufolge zudem um einen differentiellen kreisförmigen Ausschnitt mit konstanter Krümmung κ.

Es gelten die folgenden drei Gleichgewichtsbedingungen

- in Richtung $\underline{t}_0$:

$$-N\cos\left(\frac{d\phi}{2}\right) + (N+dN)\cos\left(\frac{d\phi}{2}\right) - Q_n\sin\left(\frac{d\phi}{2}\right) - (Q_n+dQ_n)\sin\left(\frac{d\phi}{2}\right)$$

$$+ \frac{1}{\kappa}\int_{-\frac{d\phi}{2}}^{\frac{d\phi}{2}} q_t \cos(\varphi)\, d\varphi - \frac{1}{\kappa}\int_{-\frac{d\phi}{2}}^{\frac{d\phi}{2}} q_n \sin(\varphi)\, d\varphi = 0$$

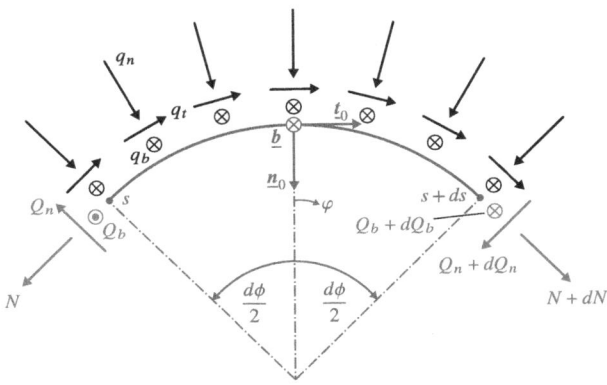

Abb. 2.3 Kräfteschnittgrößen und Kräftebeanspruchungen am Balkenelement mit infinitesimal kleiner Länge ds (überhöhte Darstellung)

- in Richtung $\underline{n}_0$:

$$-Q_n \cos\left(\frac{d\phi}{2}\right) + (Q_n + dQ_n)\cos\left(\frac{d\phi}{2}\right) + N \sin\left(\frac{d\phi}{2}\right) + (N + dN)\sin\left(\frac{d\phi}{2}\right)$$

$$+ \frac{1}{\kappa} \int_{-\frac{d\phi}{2}}^{\frac{d\phi}{2}} q_n \cos(\varphi)\, d\varphi - \frac{1}{\kappa} \int_{-\frac{d\phi}{2}}^{\frac{d\phi}{2}} q_t \sin(\varphi)\, d\varphi = 0$$

- in Richtung $\underline{b}$:

$$-Q_b + (Q_b + dQ_b) + \int_{-\frac{d\phi}{2}}^{\frac{d\phi}{2}} q_b\, d\varphi = 0.$$

Hierin beschreiben dQ_n, dQ_b sowie dN die Zuwächse der Quer- bzw. Normalkräfte aufgrund der äußeren Lasten, die auf das Bogenelement wirken. Für infinitesimal kleine Winkel $\beta = \frac{d\phi}{2}$ gilt $\sin\beta \approx \beta$ und $\cos\beta \approx 1$. Terme höherer Ordnung (also Produkte differentiell kleiner Größen) können erneut vernachlässigt werden. Zudem wird der Zusammenhang zwischen der Krümmung κ und der infinitesimalen Winkeländerung $d\alpha$ zweier benachbarter Tangentenvektoren über die infinitesimale Bogenlänge ds (vgl. (1.36)) ausgenutzt, welcher mit den hier verwendeten Bezeichnungen zu der Beziehung (Verkettung) $ds = \frac{d\phi}{\kappa}$ führt. So kann die eigentlich notwendige Integration über ds in eine Integration über $d\varphi$ überführt werden. Exemplarisch seien im Folgenden die Lösungsschritte des ersten Integrals der ersten Gleichgewichtsbedingung vorgestellt.

$$\frac{q_t}{\kappa} \int_{-\frac{d\phi}{2}}^{\frac{d\phi}{2}} \cos(\varphi)\, d\varphi = \frac{q_t}{\kappa} [\sin(\varphi)]_{-\frac{d\phi}{2}}^{\frac{d\phi}{2}} = \frac{q_t}{\kappa}\left[\sin\left(\frac{d\phi}{2}\right) - \sin\left(-\frac{d\phi}{2}\right)\right]$$

$$= \frac{q_t}{\kappa} \cdot 2\sin\left(\frac{d\phi}{2}\right) \approx \frac{q_t}{\kappa} \cdot 2\left(\frac{d\phi}{2}\right) = q_t\, ds \quad (2.9)$$

Analoges Vorgehen bei den übrigen Integralen und Zusammenfassen führt sodann zu den Gleichgewichtsbedingungen

2.1 Kräftegleichgewicht

$$\Sigma F_{\underline{t}_0} : dN - 2Q_n \frac{d\phi}{2} + q_t ds = 0$$

$$\Sigma F_{\underline{n}_0} : dQ_n + 2N \frac{d\phi}{2} + q_n ds = 0 \qquad (2.10)$$

$$\Sigma F_{\underline{e}_z} : \qquad dQ_b + q_b ds = 0$$

Bei Verwendung von $d\phi = \kappa\, ds$ sowie formaler Division durch ds resultiert hiermit erneut das vereinfachte Gleichungssystem (vgl. (2.8))

$$\boxed{\begin{aligned} \underline{t} &: N' - \kappa Q_n = -q_t \\ \underline{n} &: Q'_n + \kappa N = -q_n \\ \underline{e}_z &: Q'_b \qquad\;\; = -q_b \end{aligned}} \qquad (2.11)$$

2.1.3 Kräftegleichgewicht am geraden Balken

Eine weitere Vereinfachung tritt bei verschwindender Krümmung ($\kappa = 0$) auf. In diesem Fall reduziert sich die Raumkurve zu einer Geraden, sodass die Vektoren $\underline{t} = \underline{e}_x$, $\underline{n} = \underline{e}_y$ und $\underline{b} = \underline{e}_z$ gesetzt werden können. Da sich demgemäß die Laufvariable s durch x und das Differential $ds = dx$ ersetzen lassen, sind die Ableitungen $(\cdot)_{,s}$ durch $(\cdot)_{,x}$ zu substituieren und es entsteht das bekannte Gleichungssystem des geraden Balkens

$$\boxed{\begin{aligned} \Sigma F_{\underline{e}_x} &: N_{,x} = N' = -q_x(x) \\ \Sigma F_{\underline{e}_y} &: Q_{y,x} = Q'_y = -q_y(x) \\ \Sigma F_{\underline{e}_z} &: Q_{z,x} = Q'_z = -q_z(x) \end{aligned}} \qquad (2.12)$$

2.2 Momentengleichgewicht

2.2.1 Allgemeine Herleitung

Im Balken existiert neben dem Schnittkraftvektor auch ein Schnittmomentenvektor. Das Momentengleichgewicht um die Stelle s (vgl. Abb. 2.2) ergibt bei inifitesimalem ds unter den genannten Voraussetzungen

$$-\underline{M} + \underline{m}\,ds + (\underline{M} + d\underline{M}) + ds\underline{t} \times (\underline{S} + d\underline{S}) + \frac{1}{2}ds\underline{t} \times \underline{f}ds = \underline{0} \quad (2.13)$$

Der Term $\frac{1}{2}ds\underline{t} \times \underline{f}ds$ wird vernachlässigt, da das erzeugte Moment proportional zu ds^2 und somit von höherer Ordnung klein ist. Aus dem selben Grund kann auch der beim Auflösen der Klammern im Kreuzprodukt auftretende Term $ds\underline{t} \times (d\underline{S})$ vernachlässigt werden, sodass nach Zusammenfassen und formaler Division durch ds schließlich

$$\boxed{\underline{M}' + \underline{t} \times \underline{S} + \underline{m} = \underline{0}} \quad (2.14)$$

resultiert. Analog zum Schnittkraftvektor kann auch der Schnittmomentenvektor vektoriell in drei Momentenanteile aufgespalten werden, die um die Achsen des Dreibeins drehen. Für den Schnittmomentenvektor gilt

$$\underline{M}(s) = M_t(s)\,\underline{t}(s) + M_n(s)\,\underline{n}(s) + M_b(s)\,\underline{b}(s) \quad (2.15)$$

Hierbei bezeichnen M_t das Torsionsmoment und M_n sowie M_b die Biegemomente um die Normal- bzw. Binormalenachse. Die äußeren Streckenmomente $\underline{m}$ lassen sich ebenfalls bezüglich der Basisvektoren des sich mitbewegenden Dreibeins

$$\underline{m}(s) = m_t(s)\,\underline{t}(s) + m_n(s)\,\underline{n}(s) + m_b(s)\,\underline{b}(s) \quad (2.16)$$

aufspalten. Auswertung der einzelnen Terme von (2.14) liefert somit

$$\underline{M}' = M_t'\underline{t} + M_t\underline{t}' + M_n'\underline{n} + M_n\underline{n}' + M_b'\underline{b} + M_b\underline{b}' \quad (2.17)$$

und

$$\underline{t} \times \underline{S} = \underline{t} \times (N\underline{t} + Q_n\underline{n} + Q_b\underline{b}) \quad (2.18)$$

2.2 Momentengleichgewicht

Mit Hilfe der Frenet-Serret'schen Formeln (1.79) und den Beziehungen

$$\begin{aligned}
\underline{t} \times \underline{t} &= \underline{0} \\
\underline{t} \times \underline{n} &= \underline{b} \\
\underline{t} \times \underline{b} &= -\underline{n}
\end{aligned} \tag{2.19}$$

resultiert

$$\begin{aligned}
M'_t \, \underline{t} + \kappa M_t \, \underline{n} + M'_n \, \underline{n} + M_n \left(-\kappa \, \underline{t} + \tau \, \underline{b}\right) + M'_b \, \underline{b} \\
- \tau M_b \, \underline{n} + Q_n \, \underline{b} - Q_b \, \underline{n} + m_t \, \underline{t} + m_n \, \underline{n} + m_b \, \underline{b} &= \underline{0}
\end{aligned} \tag{2.20}$$

bzw. in nach Richtungen sortierter Darstellung

$$\begin{aligned}
\left(M'_t - \kappa M_n + m_t\right) \underline{t} + \left(M'_n + \kappa M_t - \tau M_b - Q_b + m_n\right) \underline{n} \\
+ \left(M'_b + \tau M_n + Q_n + m_b\right) \underline{b} &= \underline{0}
\end{aligned} \tag{2.21}$$

Da die Vektoren orthogonal zueinander stehen, müssen die Gleichgewichtsbedingung für jede Richtung des Dreibeins erfüllt sein und somit die Klammerausdrücke verschwinden. Es entsteht demgemäß das Gleichungssystem

$$\boxed{\begin{aligned}
\underline{t} &: M'_t - \kappa M_n & &= -m_t \\
\underline{n} &: M'_n + \kappa M_t - \tau M_b - Q_b &= -m_n \\
\underline{b} &: M'_b + \tau M_n + Q_n &= -m_b
\end{aligned}} \tag{2.22}$$

2.2.2 Momentengleichgewicht am in der Ebene gekrümmten Balken

Im Folgenden werden erneut zwei verschiedene Vorgehensweisen zur Berechnung der Schnittmomente an einem ausschließlich in der Ebene gekrümmten Balken aufgezeigt.

(i) Vereinfachung der allgemeinen Gleichung

Bei einem nur in der x-y-Ebene gekrümmten Balken verschwindet die Windung ($\tau = 0$) und der Binormalenvektor $\underline{b}$ wird durch den Vektor $\underline{e}_z$ ersetzt. Damit resultiert unmittelbar

$$\boxed{\begin{aligned} \underline{t} &: M_t' - \kappa M_n && = -m_t \\ \underline{n} &: M_n' + \kappa M_t - Q_b &&= -m_n \\ \underline{e}_z &: M_b' + Q_n &&= -m_b \end{aligned}} \qquad (2.23)$$

(ii) Gleichgewichtsbedingungen am differentiellen Balkenelement

In Analogie zum Vorgehen beim Kräftegleichgewicht ist die Beziehung (2.23) alternativ durch Betrachtung des Momentengleichgewichts am differentiell kleinen Balkenelement der Länge ds mit konstanter Krümmung κ sowie den über die infinitesimale Länge näherungsweise konstanten äußeren Momentenbeanspruchungen m_t, m_n und m_b (vgl. Abb. 2.4) herleitbar.

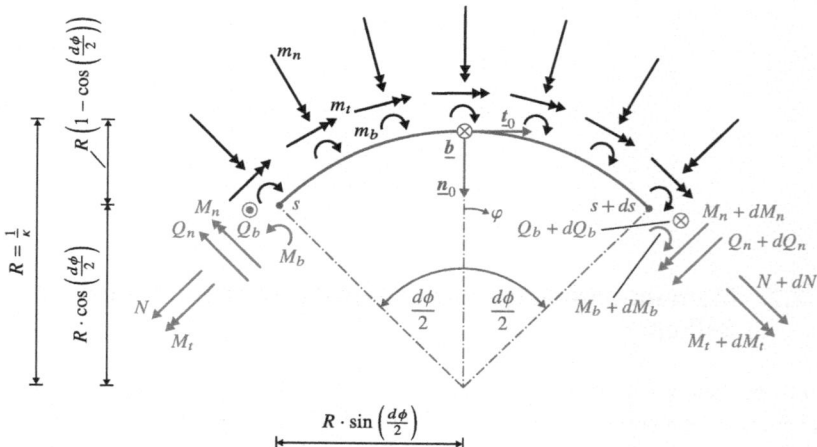

Abb. 2.4 Schnittgrößen und Momentenbeanspruchungen am Balkenelement mit infinitesimal kleiner Länge ds (überhöhte Darstellung)

2.2 Momentengleichgewicht

Für den Anteil des Gesamtmomentes um die $\underline{t}_0$-Achse muss

$$- M_t \cos\left(\frac{d\phi}{2}\right) + (M_t + dM_t)\cos\left(\frac{d\phi}{2}\right)$$

$$- M_n \sin\left(\frac{d\phi}{2}\right) - (M_n + dM_n)\sin\left(\frac{d\phi}{2}\right)$$

$$- Q_b \frac{1}{\kappa}\left(1 - \cos\left(\frac{d\phi}{2}\right)\right) + (Q_b + dQ_b)\frac{1}{\kappa}\left(1 - \cos\left(\frac{d\phi}{2}\right)\right)$$

$$+ \frac{1}{\kappa}\int_{-\frac{d\phi}{2}}^{\frac{d\phi}{2}} m_t \cos(\varphi)\, d\varphi + \frac{1}{\kappa}\int_{-\frac{d\phi}{2}}^{\frac{d\phi}{2}} m_n \sin(\varphi)\, d\varphi = 0$$

und für den Anteil um die $\underline{n}_0$-Achse muss

$$- M_n \cos\left(\frac{d\phi}{2}\right) + (M_n + dM_n)\cos\left(\frac{d\phi}{2}\right)$$

$$+ M_t \sin\left(\frac{d\phi}{2}\right) + (M_t + dM_t)\sin\left(\frac{d\phi}{2}\right)$$

$$- Q_b \frac{1}{\kappa}\sin\left(\frac{d\phi}{2}\right) - (Q_b + dQ_b)\frac{1}{\kappa}\sin\left(\frac{d\phi}{2}\right)$$

$$+ \frac{1}{\kappa}\int_{-\frac{d\phi}{2}}^{\frac{d\phi}{2}} m_t \sin(\varphi)\, d\varphi + \frac{1}{\kappa}\int_{-\frac{d\phi}{2}}^{\frac{d\phi}{2}} m_n \cos(\varphi)\, d\varphi = 0$$

erfüllt sein. Weiterhin liefert das Momentengleichgewicht um die $\underline{b}$- bzw. $\underline{e}_z$-Achse

$$- M_b + (M_b + dM_b)$$

$$+ \frac{1}{\kappa}Q_n \sin\left(\frac{d\phi}{2}\right)\left[1 - \cos\left(\frac{d\phi}{2}\right)\right] + \frac{1}{\kappa}(Q_n + dQ_n)\sin\left(\frac{d\phi}{2}\right)\left[1 - \cos\left(\frac{d\phi}{2}\right)\right]$$

$$+ \frac{1}{\kappa}Q_n \cos\left(\frac{d\phi}{2}\right)\sin\left(\frac{d\phi}{2}\right) + \frac{1}{\kappa}(Q_n + dQ_n)\cos\left(\frac{d\phi}{2}\right)\sin\left(\frac{d\phi}{2}\right)$$

$$- \frac{1}{\kappa}N \sin\left(\frac{d\phi}{2}\right)\sin\left(\frac{d\phi}{2}\right) + \frac{1}{\kappa}(N + dN)\sin\left(\frac{d\phi}{2}\right)\sin\left(\frac{d\phi}{2}\right)$$

$$+ \frac{1}{\kappa}N \cos\left(\frac{d\phi}{2}\right)\left[1 - \cos\left(\frac{d\phi}{2}\right)\right] - \frac{1}{\kappa}(N + dN)\cos\left(\frac{d\phi}{2}\right)\left[1 - \cos\left(\frac{d\phi}{2}\right)\right]$$

$$+ \frac{1}{\kappa}\int_{-\frac{d\phi}{2}}^{\frac{d\phi}{2}} m_b\, d\varphi = 0$$

Bei Vernachlässigung von Termen höherer Ordnung und Ausnutzung der Zusammenhänge für infinitesimal kleine Winkel ($\sin\beta \approx \beta$ und $\cos\beta \approx 1$) sowie der

Beziehung $ds = \frac{d\phi}{\kappa}$ resultiert zunächst

$$\underline{t} : dM_t - 2M_n \frac{d\phi}{2} \qquad\qquad = -\frac{1}{\kappa}m_t$$

$$\underline{n} : dM_n + 2M_t \frac{d\phi}{2} - 2\frac{1}{\kappa}Q_b \frac{d\phi}{2} = -\frac{1}{\kappa}m_n \qquad (2.24)$$

$$\underline{e}_z : dM_b \qquad\qquad + 2\frac{1}{\kappa}Q_n \frac{d\phi}{2} = -\frac{1}{\kappa}m_b$$

und mit der Substitution $d\phi = \kappa ds$ sowie nach formaler Division durch ds hiermit erneut das vereinfachte Gleichungssystem für die Momentenanteile (vgl. 2.23)

$$\boxed{\begin{aligned}\underline{t} &: M_t' - \kappa M_n && = -m_t \\ \underline{n} &: M_n' + \kappa M_t - Q_b &&= -m_n \\ \underline{e}_z &: M_b' \qquad\quad + Q_n &&= -m_b\end{aligned}} \qquad (2.25)$$

2.2.3 Momentengleichgewicht am geraden Balken

Bei der Betrachtung des geraden Balkens fallen sämtliche Krümmungsterme aus den Gleichungen in (2.25) heraus ($\kappa = 0$) und es verbleibt nach Umbenennung der Vektoren und Laufvariablen (vgl. Abschn. 2.1.3) das Gleichungssystem

$$\boxed{\begin{aligned}\underline{e}_x &: M_x' && = -m_x \\ \underline{e}_y &: M_y' - Q_z &&= -m_y \\ \underline{e}_z &: M_z' + Q_y &&= -m_z\end{aligned}} \qquad (2.26)$$

2.3 Sonderfälle des in der Ebene gekrümmten Balkens

Im Folgenden seien abschließend einige Sonderfälle des in der Ebene gekrümmten Balkens genauer betrachtet.

2.3.1 Entkopplung der Differentialgleichungen

Die Differentialgleichungssysteme in (2.11) und (2.25) werden zunächst zu

$$N = -\frac{1}{\kappa}\left(\frac{dQ_n}{ds} + q_n\right) \quad (2.27)$$

$$Q_n = \frac{1}{\kappa}\left(\frac{dN}{ds} + q_t\right) \quad (2.28)$$

$$Q_b = -\int_0^s q_b ds \quad (2.29)$$

$$M_n = \frac{1}{\kappa}\left(\frac{dM_t}{ds} + m_t\right) \quad (2.30)$$

$$M_t = -\frac{1}{\kappa}\left(\frac{dM_n}{ds} + \int_0^s q_b ds + m_n\right) \quad (2.31)$$

$$Q_n = -m_b - \frac{dM_b}{ds} \quad (2.32)$$

umgeformt.

Die Entkopplung der Differentialgleichungen geschieht anschließend durch gegenseitiges Einsetzen der Gleichungen ineinander, sodass innerhalb einer Gleichung nur noch eine Unbekannte vorkommt. Dabei kann die Gleichung nun neben der Unbekannten selbst auch Ableitungen der Unbekannten enthalten. Die (bekannten) äußeren Lasten kommen hernach generell weiterhin in mehreren Gleichungen gleichzeitig vor. Der Vorteil entkoppelter Differentialgleichungssysteme liegt in der besseren analytischen Handhabbarkeit. Unter Umständen wird es erst durch die Entkopplung möglich, Systeme aus mehreren Gleichungen zu lösen.

Einsetzen von N aus Gl. (2.27) in die 1. Gleichung aus (2.11) und Sortieren ergibt

$$\frac{d}{ds}\left(\frac{1}{\kappa}\frac{dQ_n}{ds}\right) + \kappa Q_n = q_t - \frac{d}{ds}\left(\frac{q_n}{\kappa}\right) \quad (2.33)$$

Umgekehrt resultiert mit Q_n aus Gl. (2.28) eingesetzt in die 2. Gleichung aus (2.11)

$$\frac{d}{ds}\left(\frac{1}{\kappa}\frac{dN}{ds}\right) + \kappa N = -q_n - \frac{d}{ds}\left(\frac{q_t}{\kappa}\right) \quad (2.34)$$

Die Substitution von M_n in der 2. Gleichung aus (2.25) durch M_n aus Gl. (2.30) liefert

$$\frac{d}{ds}\left(\frac{1}{\kappa}\frac{dM_t}{ds}\right)+\kappa M_t = -m_n - \frac{d}{ds}\left(\frac{m_t}{\kappa}\right) - \int_0^s q_b ds \qquad (2.35)$$

und die Substitution von M_t in der 1. Gleichung aus (2.25) durch M_t aus Gl. (2.31) ergibt

$$\frac{d}{ds}\left(\frac{1}{\kappa}\frac{dM_n}{ds}\right)+\kappa M_n = m_t - \frac{d}{ds}\left(\frac{1}{\kappa}\int_0^s q_b ds\right) - \frac{d}{ds}\left(\frac{m_n}{\kappa}\right) \qquad (2.36)$$

Schließlich liefert Q_n aus (2.32) eingesetzt in (2.33)

$$\frac{d}{ds}\left(\frac{1}{\kappa}\frac{d^2 M_b}{ds^2}\right)+\kappa\frac{dM_b}{ds} = -q_t + \frac{d}{ds}\left(\frac{q_n}{\kappa}\right) - \kappa m_b - \frac{d}{ds}\left(\frac{1}{\kappa}\frac{dm_b}{ds}\right) \qquad (2.37)$$

Mit der Kurzschreibweise $(\bullet)' = \frac{d(\bullet)}{ds}$ und der Annahme einer konstanten Krümmung κ resultiert der vereinfachte Zusammenhang der Schnittgrößen von Kreisbögen in Abhängigkeit von der Belastung

$$\begin{aligned}
\frac{1}{\kappa} Q_n'' + \kappa Q_n &= q_t - \frac{1}{\kappa} q_n' \\
\frac{1}{\kappa} N'' + \kappa N &= -q_n - \frac{1}{\kappa} q_t' \\
Q_b &= -\int_0^s q_b\, ds \\
\frac{1}{\kappa} M_t'' + \kappa M_t &= -m_n - \frac{1}{\kappa} m_t' - \int_0^s q_b\, ds \\
\frac{1}{\kappa} M_n'' + \kappa M_n &= m_t - \frac{1}{\kappa} q_b - \frac{1}{\kappa} m_n' \\
\frac{1}{\kappa} M_b''' + \kappa M_b' &= -q_t + \frac{1}{\kappa} q_n' - \kappa m_b - \frac{1}{\kappa} m_b''
\end{aligned} \qquad (2.38)$$

2.3 Sonderfälle des in der Ebene gekrümmten Balkens

2.3.2 Belastung in der Ebene

Erneut wird auf die Differentialgleichungssysteme (2.11) und (2.25) zurückgegriffen. Liegen ausschließlich Beanspruchungen in der Ebene vor, so müssen sämtliche senkrecht zur Ebene wirkenden Belastungskomponenten verschwinden. Im Einzelnen gilt somit für die Streckenlast $q_b = 0$ und für die Streckenmomente $m_t = 0$ sowie $m_n = 0$. Aus dem Gleichungssystem (2.38) folgt dann, dass auch die dazugehörigen Schnittgrößen Q_b, M_t und M_n verschwinden. Für die beiden Momentengleichungen verbleiben zwar homogene Differentialgleichungen, die aber mit zu null identischen Anfangsbedingungen nur triviale Lösungen zulassen, sodass aus (2.11) und (2.25) nur die drei Gleichungen

$$\boxed{\begin{aligned} N' - \kappa\, Q_n &= -q_t \\ Q_n' + \kappa\, N &= -q_n \\ M_b' + Q_n &= -m_b \end{aligned}} \qquad (2.39)$$

verbleiben. Durch Entkoppelung dieses Systems ergeben sich die entsprechenden Differentialgleichungen aus (2.38) für den Spezialfall eines Kreisbogens.

2.3.3 Belastung senkrecht zur Ebene

Auch hier dienen die Differentialgleichungssysteme (2.11) und (2.25) als Grundlage. Wird der gekrümmte Balken ausschließlich senkrecht zu seiner Krümmungsebene belastet, so entfallen in Analogie zu Abschn. 2.3.2 diejenigen Beanspruchungskomponenten sowie die dazugehörigen Schnittgrößen, welche in der (Schmieg-)Ebene wirken ($q_t = q_n = m_b = N = Q_n = M_b = 0$). Damit bleiben aus (2.11) und (2.25) nur die drei Gleichungen

$$\boxed{\begin{aligned} Q_b' &= -q_b \\ M_t' - \kappa\, M_n &= -m_t \\ M_n' + \kappa\, M_t - Q_b &= -m_n \end{aligned}} \qquad (2.40)$$

bestehen, welche durch Entkoppelung die entsprechenden Differentialgleichungen aus (2.38) für den Spezialfall eines Kreisbogens ergeben.

Kinematik (Euler-Bernoulli-Theorie) 3

3.1 Deformationen

Ziel der Kinematik ist die Beschreibung der Verschiebungen aller Querschnittspunkte des gekrümmten Balkens im Raum. Um diese zu erfassen, müssen zunächst sowohl die Verschiebung (Translation) als auch die Verdrehung (Rotation) eines repräsentativen Querschnittspunktes betrachtet werden. Als repräsentative Querschnittspunkte werden häufig – so auch hier – Punkte der Systemlinie genutzt und ein auf diese bezogener Verschiebungsvektor $\underline{u}(s)$ sowie Drehvektor $\underline{\varphi}(s)$

$$\underline{u}(s) = u(s)\underline{t}(s) + v(s)\underline{n}(s) + w(s)\underline{b}(s) \tag{3.1}$$

$$\underline{\varphi}(s) = \varphi_t(s)\underline{t}(s) + \varphi_n(s)\underline{n}(s) + \varphi_b(s)\underline{b}(s) \tag{3.2}$$

eingeführt. Abb. 3.1 zeigt exemplarisch die einzelnen Komponenten des Verschiebungsvektors $\underline{u}(s)$.

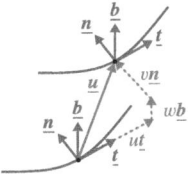

Abb. 3.1 Verschiebung eines Punktes der Mittellinie des allgemeinen räumlichen Balkenelements

3.2 Verzerrungen auf Höhe der Systemlinie

Die Herleitung der Dehnungen der deformierbaren Schwerpunktlinie erfolgt erneut an einem infinitesimal kleinen Ausschnitt der Länge ds (vgl. Abb. 3.2). Über diese Länge werden auch die Dehnungen in sämtliche Raumrichtungen als näherungsweise konstant betrachtet und in dem Dehnungsvektor $\underline{\varepsilon}$ zusammengefasst.

Wird auch hier – wie bereits bei der Herleitung der Gleichgewichtsbedingungen geschehen – für den Ortsvektor vom Schnittpunkt an der Stelle s zum Schnittpunkt an der Stelle $s+ds$ näherungsweise $\underline{r} = ds\,\underline{t}$ angesetzt, resultiert folgende Gleichung für die Verschiebung an der Stelle $s + ds$:

$$\underline{u} + d\underline{u} = \underline{u} + \underline{\varepsilon}\,ds + \underline{\varphi} \times \underline{r} \tag{3.3}$$

Darin ist die Verformung des Balkens als Integral der Dehnung über die Länge ds (mit dem Term $\underline{\varepsilon}ds$) sowie die Verschiebung des Punktes Q (an der Stelle $s + ds$) infolge der Verdrehung $\underline{\varphi}$ am Punkt P (an der Stelle s) durch den Term $\underline{\varphi} \times \underline{r}$ enthalten.

Einsetzen des Ortsvektors ergibt zunächst

$$\underline{u} + d\underline{u} = \underline{u} + \underline{\varepsilon}\,ds + \underline{\varphi} \times ds\,\underline{t} \tag{3.4}$$

womit nach Äquivalenzumformung und formaler Division durch ds schließlich der Dehnungsvektor

$$\underline{\varepsilon}(s) = \frac{d\underline{u}}{ds} + \underline{t} \times \underline{\varphi} = \underline{u}' + \underline{t} \times \underline{\varphi} \tag{3.5}$$

folgt.

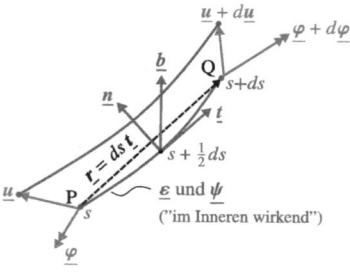

Abb. 3.2 Verschiebungen und Verdrehungen am infinitesimalen Balkenelement

3.2 Verzerrungen auf Höhe der Systemlinie

Analog resultiert für die Verdrehung an der Stelle $s + ds$

$$\underline{\varphi} + d\underline{\varphi} = \underline{\varphi} + \underline{\psi}\, ds \tag{3.6}$$

und damit für den Vektor $\underline{\psi}$ der Veränderungsrate des Drehvektors über die Bogenlänge

$$\underline{\psi} = \frac{d\underline{\varphi}}{ds} = \underline{\varphi}' \tag{3.7}$$

3.2.1 Räumlich gekrümmter Balken

Mit der Substitution von $\underline{u}$ und $\underline{\varphi}$ in Gl. (3.5) durch die Ausdrücke aus (3.1) und (3.2) resultiert zunächst

$$\underline{\varepsilon} = \frac{d}{ds}\left(u\underline{t} + v\underline{n} + w\underline{b}\right) + \underline{t} \times \left(\varphi_t\,\underline{t} + \varphi_n\,\underline{n} + \varphi_b\,\underline{b}\right)$$

Die Anwendung der Produktregel und Auswertung des Kreuzprodukts liefern sodann

$$\underline{\varepsilon} = u'\underline{t} + u\underline{t}' + v'\underline{n} + v\underline{n}' + w'\underline{b} + w\underline{b}' - \varphi_b\,\underline{n} + \varphi_n\,\underline{b}$$

womit unter Zuhilfenahme der Frenet-Serret'schen Formeln (1.79) und den dortigen Informationen über die Ableitungen der Einheitsvektoren des begleitenden Dreibeins schließlich

$$\underline{\varepsilon} = \underbrace{(u' - \kappa v)}_{\varepsilon_t}\,\underline{t} + \underbrace{(\kappa u - \tau w + v' - \varphi_b)}_{\gamma_n}\,\underline{n} + \underbrace{(w' + \tau v + \varphi_n)}_{\gamma_b}\,\underline{b} \tag{3.8}$$

entsteht. Unter der Annahme, dass ein senkrecht zur Mittelachse stehender Querschnitt nach der Verformung eben bleibt und weiterhin senkrecht auf der (nun verformten) Mittelachse steht (Euler-Bernoulli-Hypothese), beschreibt der Dehnungsvektor nur die Verformung der Balkenachse über ε_t. Die den Schubverzerrungen (Scherungen) entsprechenden Koeffizienten vor dem Normalen- und dem Binormalenvektor in (3.8) müssen demgemäß verschwinden ($\gamma_n = \gamma_b = 0$), sodass die beiden Beziehungen

$$\boxed{\begin{aligned}\varphi_b &= v' + \kappa u - \tau w \\ \varphi_n &= -w' - \tau v\end{aligned}} \qquad (3.9)$$

für die Verdrehungskomponenten verbleiben.

In Analogie führt die Gl. (3.7) nach Einsetzen von (3.2), Anwendung der Produktregel und Berücksichtigung der Frenet-Serret'schen Formeln (1.79) auf die Gleichung

$$\underline{\psi} = \underbrace{(\varphi_t' - \kappa\varphi_n)}_{\psi_t}\underline{t} + \underbrace{(\varphi_n' - \tau\varphi_b + \kappa\varphi_t)}_{\psi_n}\underline{n} + \underbrace{(\varphi_b' + \tau\varphi_n)}_{\psi_b}\underline{b} \qquad (3.10)$$

zur Darstellung der Veränderungsrate des Drehvektors. Die hier eingeführten Komponenten ψ_t, ψ_n und ψ_b beschreiben die Änderungsraten der Drehwinkel um die jeweiligen Achsen.

3.2.2 Ebener gekrümmter Balken

Wie bereits bei den Kräfte- und Momentengleichgewichten fällt bei dem ausschließlich in der Ebene gekrümmten Balken die Windung ($\tau = 0$) aus den Gleichungen heraus. Damit vereinfacht sich die Bedingung (3.9) für den Euler-Bernoulli- Balken zu

$$\boxed{\begin{aligned}\varphi_b &= v' + \kappa u \\ \varphi_n &= -w'\end{aligned}} \qquad (3.11)$$

3.2.3 Gerader Balken

Bei der Betrachtung des geraden Balkens verschwinden sämtliche Krümmungs- und Windungsterme ($\kappa = \tau = 0$) aus (3.9) und es verbleiben nach Umbenennung der Vektoren und Laufvariablen (vgl. Abschn. 2.1.3) die Gleichungen

$$\boxed{\begin{aligned}\varphi_z &= v' \\ \varphi_y &= -w'\end{aligned}} \qquad (3.12)$$

3.3 Verzerrungen auf Höhe beliebiger Querschnittspunkte

Im Folgenden sei die Verzerrung auf Höhe eines beliebigen Querschnittspunkts P betrachtet (vgl. Abb. 3.3). Dieser ist durch den Ortsvektor $\underline{q}$ mit den Koordinaten n_P und b_P im begleitenden Dreibein $(\underline{t}, \underline{n}, \underline{b})$ mit Ursprung im Querschnittsschwerpunkt S bestimmt (der orthogonal auf dem Querschnitt stehende Tangentenvektor $\underline{t}$ wird nicht benötigt und ist hier nicht dargestellt). Des Weiteren beschreiben $\underline{x}_P$ und $\underline{x}_S$ sowie $\underline{x}_{\tilde{P}}$ und $\underline{x}_{\tilde{S}}$ die Ortsvektoren im x, y, z-Koordinatensystem der Punkte S und P im Ausgangszustand bzw. im verformten Zustand ($\tilde{S}$ und $\tilde{P}$). $\underline{u}$ und $\underline{l}$ stellen die Verschiebungsvektoren, $\underline{\varphi}$ den Verdrehungsvektor dar.

Mit der Annahme, dass die Querschnittsabmessungen klein im Vergleich zur Länge der Systemlinie sind (schlanker Balken) und der Querschnitt selbst als starrer Körper betrachtet werden kann, setzt sich seine Bewegung aus einem translatorischen Anteil (reine Starrkörperverschiebung) sowie einem rotatorischen Anteil zusammen. Der Vektor $\underline{q}$ wandelt sich als Ergebnis dieser Bewegung analytisch in den Vektor $\underline{\tilde{q}}$, für den demzufolge im t, n, b-Koordinatensystem gilt

$$\underline{\tilde{q}} = \underline{q} + \underline{\varphi} \times \underline{q} \tag{3.13}$$

Es sei explizit angemerkt, dass sich der Abstand zwischen den Punkten S und P sowie zwischen den Punkten $\tilde{S}$ und $\tilde{P}$ aufgrund der getroffenen Annahme nicht verändert. Somit sind die Vektorbeträge von $\underline{q}$ und $\underline{\tilde{q}}$ stets identisch. Findet bei der Bewegung keine Verdrehung statt, so gilt darüber hinaus $\underline{\tilde{q}} = \underline{q}$.

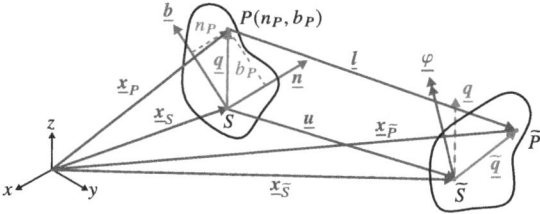

Abb. 3.3 Verschiebungen und Verdrehungen am starren Querschnitt

Aus Abb. 3.3 lassen sich sodann folgende Vektorketten ablesen:

$$\underline{x}_P = \underline{x}_S + \underline{q} = \underline{x}_S + n_P \underline{n} + b_P \underline{b} \tag{3.14}$$

$$\underline{x}_{\widetilde{P}} = \underline{x}_P + \underline{l} \tag{3.15}$$

$$\underline{l} = -\underline{q} + \underline{u} + \underline{\widetilde{q}} = \underline{u} + \underline{\widetilde{q}} - \underline{q} \tag{3.16}$$

Mit der Umformung von (3.13) nach $\underline{\widetilde{q}} - \underline{q}$ und Einsetzen von (3.14) sowie (3.1) resultiert für den Verschiebungsvektor $\underline{l}$ aus (3.16) nach Auswertung des Kreuzprodukts schließlich

$$\begin{aligned}\underline{l} &= u\underline{t} + v\underline{n} + w\underline{b} + \left(\varphi_t \underline{t} + \varphi_n \underline{n} + \varphi_b \underline{b}\right) \times \left(0\underline{t} + n_P \underline{n} + b_P \underline{b}\right) \\ &= \underbrace{(u + \varphi_n b_P - \varphi_b n_P)}_{u_P}\underline{t} + \underbrace{(v - \varphi_t b_P)}_{v_P}\underline{n} + \underbrace{(w + \varphi_t n_P)}_{w_P}\underline{b}\end{aligned} \tag{3.17}$$

Als Nächstes kann das infinitesimale Längenelement ds_P einer beliebigen unverformten Balkenfaser mit Hilfe von (1.24) bei Verwendung der natürlichen Parameterdarstellung beschrieben werden, sodass gilt

$$ds_P = \left\|\underline{x}'_P\right\| ds = \sqrt{\underline{x}'_P \cdot \underline{x}'_P}\, ds \tag{3.18}$$

Für die benötigte Ableitung des Ortsvektors zum Punkt P resultiert mit (1.27), (1.68) und (1.78) der Ausdruck

$$\begin{aligned}\underline{x}'_P &= \underline{x}'_S + n_P \underline{n}' + b_P \underline{b}' \\ &= \underline{t} + n_P \left(-\kappa \underline{t} + \tau \underline{b}\right) + b_P \left(-\tau \underline{n}\right) \\ &= (1 - \kappa n_P)\underline{t} - (\tau b_P)\underline{n} + (\tau n_P)\underline{b}\end{aligned} \tag{3.19}$$

und schließlich

$$ds_P = \sqrt{(1 - \kappa n_P)^2 + \tau^2 \left(n_P^2 + b_P^2\right)}\, ds \tag{3.20}$$

In analoger Vorgehensweise lässt sich das infinitesimale Längenelement $ds_{\widetilde{P}}$ einer beliebigen Balkenfaser im verformten Zustand als

$$ds_{\widetilde{P}} = \sqrt{\underline{x}'_{\widetilde{P}} \cdot \underline{x}'_{\widetilde{P}}}\, ds = \sqrt{\left(\underline{x}'_P + \underline{l}'\right) \cdot \left(\underline{x}'_P + \underline{l}'\right)}\, ds \tag{3.21}$$

3.3 Verzerrungen auf Höhe beliebiger Querschnittspunkte

darstellen. Der einzelne Klammerausdruck ergibt nach Anwendung der Produktregel bei der Ableitung des Verschiebungsvektors $\underline{l}$ und Ausnutzung der Frenet-Serret'schen Formeln (1.79)

$$\begin{aligned}\underline{x}'_P + \underline{l}' &= \left(1 - \kappa n_P + u' + \varphi'_n b_P - \varphi'_b n_P - v\kappa + \varphi_t b_P \kappa\right)\underline{t} \\ &+ \left(-\tau b_P + \kappa u + \kappa \varphi_n b_P - \kappa \varphi_b n_P + v' - \varphi'_t b_P - \tau w - \tau \varphi_t n_P\right)\underline{n} \\ &+ \left(\tau n_P + \tau v - \tau \varphi_t b_P + w' + \varphi'_t n_P\right)\underline{b} \end{aligned} \quad (3.22)$$

Das Skalarprodukt von (3.22) mit sich selbst führt zu einem Ausdruck von beachtlichen Umfang, welcher sich bei Vernachlässigung sämtlicher Produkte aus Verschiebungen, Ableitungen von Verschiebungen, Verdrehungen und Ableitungen von Verdrehungen (da „von höherer Ordnung klein") auf folgenden Zusammenhang für das verformte Längenelement reduzieren lässt

$$\begin{aligned} ds_{\widetilde{P}} = &\left[(1 - \kappa n_P)^2 \left(1 + 2\frac{u' - \varphi'_b n_P + \varphi'_n b_P - v\kappa + \varphi_t b_P \kappa}{1 - \kappa n_P}\right) \right. \\ &+ \tau^2 b_P^2 \left(1 - 2\frac{u\kappa - \varphi_b n_P \kappa + \varphi_n b_P \kappa + v' - \varphi'_t b_P - \tau w - \varphi_t n_P \tau}{\tau b_P}\right) \\ &+ \left. \tau^2 n_P^2 \left(1 + 2\frac{v\tau - \varphi_t b_P \tau + w' + \varphi'_t n_P}{\tau n_P}\right) \right]^{1/2} ds \end{aligned} \quad (3.23)$$

Die Tangentialdehnung ε_t einer beliebigen Faser des Balkens kann nun auf Basis der allgemeinen Dehnungsdefinition (Längenänderung dividiert durch Ausgangslänge)

$$\varepsilon_t = \frac{ds_{\widetilde{P}} - ds_P}{ds_P} \quad (3.24)$$

berechnet werden. Hierzu fließt zunächst Gl. (3.9) in Gl. (3.23) ein bevor letztere sodann mit Hilfe einer multivariaten Taylorreihenentwicklung jeweils um die Stelle Null approximiert wird. Die Verschiebungen und Verdrehungen sowie ihre ersten Ableitungen stellen hierin die Variablen dar. Da sich die beiden Verdrehungskomponenten φ_n und φ_b gemäß Gl. (3.9) substituieren lassen, verbleiben insgesamt zehn Variablen. Die Taylorreihenentwicklung wird zur Annäherung des verformten Längenelements nach den linearen Gliedern abgebrochen (hier nicht dargestellt) und für die Tangentialdehnung resultiert schließlich

$$\varepsilon_t = \frac{1}{(1-\kappa n_P)^2 + \tau^2 \left(n_P^2 + b_P^2\right)} \Big[\left(u' - \kappa v\right)$$

$$+ n_P \left(-2\kappa u' - \kappa' u - v'' + 2\tau w' + \tau' w + \kappa^2 v + \tau^2 v\right)$$

$$+ n_P^2 \left(\kappa^2 u' + u\kappa\kappa' + \kappa v'' - \kappa\tau w' - \kappa\tau' w + \tau\varphi_t'\right) \qquad (3.25)$$

$$+ b_P \left(-2\tau v' - \tau' v - w'' + \kappa\varphi_t - \tau\kappa u + \tau^2 w\right) + b_P^2 \tau \left(\varphi_t' + \kappa\tau v + \kappa w'\right)$$

$$+ n_P b_P \left(2\kappa\tau v' + \kappa\tau' v + \kappa w'' - \kappa^2\varphi_t + \tau\kappa^2 u - \tau^2\kappa w\right) \Big]$$

Fällt der Punkt P mit dem Schwerpunkt S zusammen, d. h., es gilt $n_P = b_P = 0$, so vereinfacht sich (3.25) wieder zu $\varepsilon_t = u' - \kappa v$ (vgl. Gl. (3.8)). Bei Betrachtung des vollständigen Querschnitts eines räumlich gekrümmten Balkens verbleibt eine – mit den Abstandskoordinaten n_P und b_P – biquadratische Dehnungsverteilung über die Querschnittsfläche (vgl. Abb. 3.4).

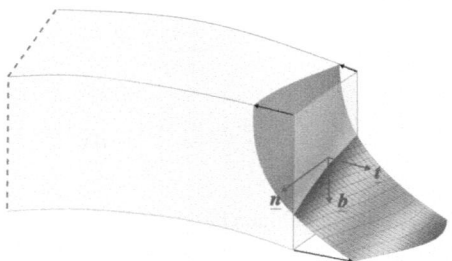

Abb. 3.4 Qualitativer Tangentialdehnungsverlauf ε_t in der Querschnittsfläche (überhöhte Darstellung)

Stoffgesetz 4

Zur vollständigen mechanischen Erfassung eines gekrümmten Stabes im Raum genügt es nicht, die Kraft- und Momentengleichgewichte auf der einen und die Kinematik auf der anderen Seite zu beschreiben. Die Bindung zwischen den Größen erfolgt durch das Stoffgesetz, welches das Verhalten verschiedener Materialien berücksichtigt. Im einfachsten und hier betrachteten Fall wird ein lineares, isotropes sowie homogenes Materialverhalten vorausgesetzt.

4.1 Hooke'sches Gesetz

Gemäß dem Hooke'schen Gesetz resultiert für den Spannungsvektor einer Querschnittsfläche in einem beliebigen Querschnittspunkt somit

$$\underline{\sigma} = E\,\underline{\varepsilon} \tag{4.1}$$

wobei E den Elastizitätsmodul darstellt.

Der Spannungsvektor kann komponentenweise in folgender Form angegeben werden

$$\underline{\sigma} = \sigma_{N,t}\,\underline{t} + \sigma_{T,n}\,\underline{n} + \sigma_{T,b}\,\underline{b} \tag{4.2}$$

Hierin beschreiben $\sigma_{N,t}$ die orthogonal zum Querschnitt gerichtete Normalspannung und $\sigma_{T,n}$ sowie $\sigma_{T,b}$ die in der Querschnittsebene liegenden Schub- bzw. Tangentialspannungen (vgl. Abb. 4.1).

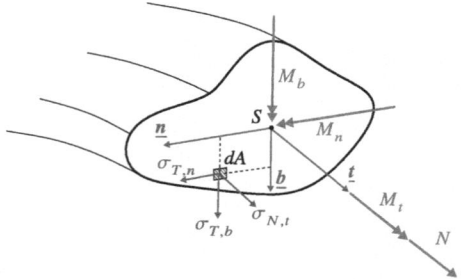

Abb. 4.1 Äquivalenzprinzip zwischen Spannungskomponenten und Schnittgrößen

Die Dehnung der einzelnen Querschnittsfasern erfolgt stets in tangentialer Richtung zu ihrer Achse. In jedem Querschnittspunkt P existiert ein eigener Tangentenvektor, welcher aus der Ableitung des jeweiligen Ortsvektors zu P resultiert (vgl. Gl. 3.19).

$$\underline{t}_P = \underline{x}'_P = (1 - \kappa n_P)\underline{t} - (\tau b_P)\underline{n} + (\tau n_P)\underline{b} \tag{4.3}$$

Dieser ist – außer für Punkte auf der Schwerelinie – nicht normiert, da die Bogenlänge s als Laufvariable eben für genau jene Schwerpunktfaser definiert wurde. Nach Normierung kann durch Multiplikation von ε_t aus Gl. (3.25) mit dem Tangenteneinheitsvektor der Dehnungsvektor

$$\underline{\varepsilon} = \varepsilon_t \frac{\underline{t}_P}{\|\underline{t}_P\|} = \varepsilon_t \frac{\underline{t}_P}{\sqrt{(1 - \kappa n_P)^2 + \tau^2 \left(n_P^2 + b_P^2\right)}} \tag{4.4}$$

gebildet werden, sodass für die Spannungskomponenten schließlich

$$\sigma_{N,t} = E\,\varepsilon_t \frac{1 - \kappa n_P}{\sqrt{(1 - \kappa n_P)^2 + \tau^2 \left(n_P^2 + b_P^2\right)}} \tag{4.5}$$

$$\sigma_{T,n} = E\,\varepsilon_t \frac{-\tau b_P}{\sqrt{(1 - \kappa n_P)^2 + \tau^2 \left(n_P^2 + b_P^2\right)}} \tag{4.6}$$

$$\sigma_{T,b} = E\,\varepsilon_t \frac{\tau n_P}{\sqrt{(1 - \kappa n_P)^2 + \tau^2 \left(n_P^2 + b_P^2\right)}} \tag{4.7}$$

resultiert. Offensichtlich treten Schubspannungen infolge einer Tangentialdehnung ε_t ausschließlich in räumlich gekrümmten Balken auf (Windung $\tau \neq 0$). Im ebenen

4.2 Äquivalenzprinzip

Fall ($\tau = 0$) verbleibt auch bei vorhandener Krümmung ($\kappa \neq 0$) lediglich die Normalspannungskomponente $\sigma_{N,t} = E\,\varepsilon_t$.

4.2 Äquivalenzprinzip

Abschließend wird mit Hilfe des Äquivalenzprinzips ein Zusammenhang zwischen den Schnittgrößen und den auf einer ebenen Querschnittsfläche A wirkenden Spannungskomponenten hergestellt (vgl. Abb. 4.1). Gemäß der vorausgesetzten geometrisch linearen Theorie schlanker Balken mit Euler-Bernoulli-Kinematik kann der Einfluss der Querkräfte auf die Deformationen vernachlässigt werden. Es gelten

$$N = \int_A \sigma_{N,t}\,dA \tag{4.8}$$

$$M_n = \int_A b \cdot \sigma_{N,t}\,dA \tag{4.9}$$

$$M_b = -\int_A n \cdot \sigma_{N,t}\,dA \tag{4.10}$$

$$M_t = M_{Tor} + \int_A n \cdot \sigma_{T,b}\,dA - \int_A b \cdot \sigma_{T,n}\,dA \tag{4.11}$$

Das Torsionsmoment ist im allgemeinen Fall äquivalent zu den beiden Momenten, welche aus den Tangentialspannungen $\sigma_{T,n}$ und $\sigma_{T,b}$ resultieren, sowie zu einem Moment, welches bei Torsion mit den Schubspannungen in Verbindung steht. Unter der Annahme, dass näherungsweise die Theorie der Torsion gerader Stäbe gilt, kann letzteres mit Hilfe von (3.9) und (3.10) in der Form

$$M_{Tor} = GI_T\,\psi_t = GI_T\,(\varphi_t' - \kappa\varphi_n) = GI_T\,(\varphi_t' + \kappa w' + \kappa\tau v) \tag{4.12}$$

angegeben werden. Hierin beschreiben G den Schubmodul und I_T das Torsionsträgheitsmoment und es ergibt sich insgesamt

$$M_T = GI_T\,(\varphi_t' + \kappa w' + \kappa\tau v) + \int_A n \cdot \sigma_{T,b}\,dA - \int_A b \cdot \sigma_{T,n}\,dA \tag{4.13}$$

- Abschließende Anmerkungen:
  Die drei Grundgleichungen der Mechanik (Gleichgewicht, Kinematik, Stoffgesetz) sind nun alle beschrieben und können ineinander eingesetzt werden. In einem ersten Schritt fließen die Terme der Spannungskomponenten (4.5) bis (4.7) sowie die darin enthaltene Tangentialdehnung (3.25) in die Äquivalenzbedingungen (4.8) bis (4.11) ein. Dabei tritt eine Reihe von Integralen auf, die ausschließlich von der Balkengeometrie sowie der Querschnittsform abhängig sind (vgl. Flächenträgheitsmomente). Anschließend können die derart gewonnenen Ausdrücke für die Schnittgrößen in die Gleichgewichtsbedingungen (2.7) und (2.22) eingesetzt und dort zudem die Ausdrücke für die Querkräfte Q_n und Q_b eliminiert werden. Es resultiert schließlich ein System von vier gekoppelten Differentialgleichungen für die Biegelinie eines beliebig räumlich gekrümmten Balkens mit stetig veränderlicher Querschnittsfläche, welches im allgemeinen Fall außergewöhnlich kompliziert ist.

Was Sie aus diesem *essential* mitnehmen können

- Die Beschreibung der ortsabhängigen Basis (begleitendes Dreibein) einer Raumkurve sowie deren Veränderung (Frenet-Serret'sche Formeln) qua Krümmung und Windung.
- Die Differentialgleichungssysteme zur Beschreibung der Beziehungen zwischen den äußeren Belastungen und den (inneren) Schnittgrößen.
- Die Deformationen (Verschiebungen und Verdrehungen) sowie die Verzerrung (Tangentialdehnung) auf Höhe beliebiger Querschnittspunkte.
- Die Normal- sowie die beiden Schubspannungskomponenten infolge der nichtlinearen Tangentialdehnungsverteilung auf Höhe beliebiger Querschnittspunkte
- Die Zusammenhänge zwischen den Spannungskomponenten und den beiden Biegemomenten, dem Torsionsmoment sowie der Normalkraft.

Literatur

Arens, T., Hettlich, F., Karpfinger, C., Kockelkorn, U., Lichtenegger, K., & Stachel, H. (2018). *Mathematik*. Berlin: Springer Spektrum.

Rakowski, G., & Solecki, R. (1968). Gekrümmte Stäbe – Statische Berechnungen. Düsseldorf: Werner-Verlag.

Weitz, E. (2019). *Elementare Differentialgeometrie (nicht nur) für Informatiker*. Berlin: Springer Spektrum.